中山出版
ZHONGSHAN PUBLISHING
香山承文脉 好书读百年

戒掉拖延症的行动手册

罗大胃 编著

SPM
南方出版传媒
广东人民出版社
·广州·

图书在版编目（CIP）数据

戒掉拖延症的行动手册 / 罗大胃编著. — 广州 :广东人民出版社, 2019.9
ISBN 978-7-218-13800-8

Ⅰ. ①戒… Ⅱ. ①罗… Ⅲ. ①成功心理—通俗读物 Ⅳ. ①B848.4-49

中国版本图书馆CIP数据核字(2019)第188812号

JIEDIAO TUOYANZHENG DE XINGDONG SHOUCE
戒掉拖延症的行动手册
罗大胃 编著

出 版 人：肖风华

责任编辑：李锐锋 冼惠仪
装帧设计：陈宝玉
封面设计：蓝美华

统　　筹：广东人民出版社中山出版有限公司
执　　行：王 忠
地　　址：中山市中山五路 1 号中山日报社 8 楼（邮编：528403）
电　　话：（0760）89882926 （0760）89882925

出版发行：广东人民出版社
地　　址：广东省广州市海珠区新港西路204号2号楼（邮编：510300）
电　　话：（020）85716809（总编室）
传　　真：（020）85716872
网　　址：http://www.gdpph.com
印　　刷：广东信源彩色印务有限公司
开　　本：787mm × 1092mm 1/32
印　　张：7 **字　　数**：115千
版　　次：2019年9月第1版 2019年9月第1次印刷
定　　价：42.80元

如发现印装质量问题影响阅读，请与出版社（0760-89882925）联系调换。
售书热线：（0760）88367862 邮购：（0760）89882925

真的需要谈“拖延”色变吗

在撰写本书前，我运营了一个关于职场的微信公众号，定期更新一些关于职场励志的推文，比如如何写简历、如何面试成功、如何谈薪资等。我很喜欢把自己对于职场的思考分享给更多朋友，这项业余爱好极大地充实了我的生活，给我平日朝九晚五的工作带来了一丝丝富有生活气息的满足感。事实上，坚持运营这个微信公众号，是我过去一年最有成就感的事情，不仅仅是对自己的职场思考作了适当、适时的总结，更是因为读者的认可和鼓励，还有这些思考对于他们闯荡职场、扎根职场所起到的作用和帮助。

但这种“斜杠”身份带给我极大成就感的同时，也带来极大的困扰——它几乎“吞噬”了我所有工作之外的时间。无数个周末，朋友们相约出去玩的时候，我却独自一人待在图书馆，查资料、记笔记。无数个夜晚，同事们在小酒馆里听着现场演奏小酌一杯时，我却一个人待在书房里，面对电脑，艰辛地码出一个个字。

你一定以为我的微信公众号非常高产，你也会像我的朋友一样为我的努力和坚持疯狂“打 Call”（网络流行语，表示对各种事物、某人的支持和应援态度）吧？可如果我告诉你，我一般会保持一周一篇的更新节奏，每篇推文也只有 1000—2000 字时，你会不会也会像那些朋友一样犯嘀咕：你的写作效率是不是有点太低了？

仔细回顾过去一年运营这个公众号的历程，我总结了一些规律：我一般会提前一周确定下期写作的主题，然后着手收集素材。看上去，我的时间节奏安排得非常合理，可我又总是在推送前一天才匆匆完成推文的写作。我也曾经问过自己：“是收集素材需要很多时间吗？收集素材一般只需要半天就能完成。是写起来比较费时间吗？一般两个小时就能完成 2000 字的推文。是排版比较费时间吗？我很少会花费时间在排版上，我一直认为简洁才是最好的阅读体验。”

可为什么依然会占据我那么多时间，以至在最后一刻才完成推文的写作？

我挠挠头，到底是为什么呢？别急，等我捋捋。

我发现，每当洗漱完坐在书桌前，信誓旦旦要开始写作时，都会有一个“邪恶”的念头浮现在脑海中——还有时间。于是我拿出手机，刷知乎、微博、微信朋友圈等。突然看到微信朋友圈有个朋友推荐一部电影好像很不错，于是，看完这部电影已经11点半了。

嗯，是的，又到了睡觉的时间。推文写作？不好意思，我已经忘记今晚本来要计划写作。就这样，时间一天天过去，直到我突然发现明天就要推送文章时，才逼迫自己熬夜完成推文更新。看上去，我一周的时间都是在为公众号推文忙碌，可实际上，我真正花费在写作上的时间只有3—4个小时，其他时间都在拖延中被浪费了。

拖延，存在于我们生活中的每个时刻，它无处不在、无时不在，以至于我们会经常忽略它的存在。比如，你很早就计划给自己的伴侣准备一份生日礼物，却总是在最后一刻才想起来还没有下订单；和朋友约会，明明约定了时间见面，却总是要等到快迟到时才匆匆出发；本来可以提前完成的工作任务，总是到加班加点才完成；本计划用一个月时间读完一本书，可到月底才发现书还没有拆封……

看上去，大部分拖延并不会给我们造成太大的危害。我的微信公众号依然可以保持一周一篇的更新速度；你的伴侣在生日当天依然准时收到了礼物；你终究还是赶上了朋友聚会；你最终还是在 Deadline 前完成工作任务……

可在内心深处，你是不是也曾对自己说：如果没有拖延，生活是不是就会更加美好一些？如果不拖延，你可以有更多时间和朋友相处；如果不拖延，你不必匆匆忙忙去赶最近一班地铁；如果不拖延，你也不用加班到凌晨，累了身心。拖延症从来都不是一击致命，它只是悄无声息地夺走你的时间、精力、快乐，最终降低你的生活质量。

确实，现代社会的节奏越来越快。抖音、快手、爱奇艺、今日头条等 APP 时刻争夺我们的时间和精力，就如老子《道德经》所说："五色令人目盲，五音令人耳聋。"相较于 20 年前，我们现在会经受更大的诱惑——短视频、直播、电视剧、网络游戏等，总有一种会让我们沉溺其中。宝贵的时间就是这样被一点点浪费掉，那些更重要、更有意义的事情，往往会被一拖再拖，我们也因此错过大量可以让自己更快成长的机会。

所幸现在大家慢慢注意到了拖延症的危害，关于拖延症的文章和研究也越来越多，有很多标题触目惊心，比如你在百度搜索框中输入"拖延症"，可能会看到"拖延症：这是病，得治！""当代青年的三大绝症——熬夜、拖延、拖延症""80% 的人都有拖延症，看看你有吗？"等标题强势占满你的眼球。

拖延症固然可怕，可它是否真像某些媒体宣传的那么不可救药，以至于我们需要谈“拖延”色变？市面上有那么多对抗拖延症的方法，是否真的像他们宣传的那样可行、有效？在写本书前，我也翻看了大量关于拖延症的研究资料，有很大的收获和启发。在本书中，我将结合自己的亲身经历及已有的心理学研究资料，给读者介绍我对拖延症的理解，以及对抗拖延症的有效方法。

在本书第一部分，我会说明到底什么是拖延症，大家对拖延症常有哪些误解。在这部分，我希望能够帮助读者建立起对于拖延症的正确认知，这也是对抗拖延症的前提。

在本书第二、三部分，我将聚焦在拖延症的原因分析上。为什么有那么多人陷入拖延症的泥潭中，无论如何努力都很难爬出来？我将从中揭示拖延症到底有何魔力，让人对其欲罢不能。对于一些有趣的话题，比如“Deadline 真的是第一生产力？”“乐观的人和悲观的人，谁更容易拖延”“拖延症和性格的关系等”，读者也可以在其中找到答案。

本书第三至第八部分将是重点，在这一章节中，我将结合自己的亲身经历，并结合已有研究的实践分析，提出一些戒掉拖延症的实用、高效的方法。我会尽量把这些看似抽象的方法以更加“接地气”的方式介绍给读者，让读者看完有真正可以 Take Away 的东西，而不是“懂得很多道理，却依然过不好自己的一生”。

正如美国资深心理学家简·博克、莱诺拉·袁在《拖延心理学》一书中讲道：“拖延本质上是一个人如何与自身相处的问题。”所以在戒掉拖延症的过程中，我希望和大家一起，从阅读此书开始，从一点一滴做起，彻底摆脱拖延症的困扰，提升行动力、提升自律力，开上人生快车道！

目　录

第三章　你还需要知道的拖延症常识

第四章　目标管理：打造强大的执行力

第五章 时间管理：有效盘活一分一秒

第六章 精力管理：让自己奔跑起来

第七章 速战速赢：职场讲究高效率

第八章 库珀学习圈：给拖延来一次复盘

第一章

了解与生俱来的拖延症

心理测试：我有拖延症吗

全球最大的有关拖延症研究的网站——“拖延与科学”（www.procrastinus.com），有相关调查数据显示，80%—95%的大学生认为自己有时会存在拖延的情况，50%的大学生则认为自己一定会拖延。在相关研究中，Pyschology Today（今日心理学，美国一个关于心理健康的网站）认为，在普通人中，有超过20%的人有习惯性拖延的行为，且拖延行为经常会伴随他们一生。

美国科学杂志的一项调研数据则更加激进，95%的被调查人声称自己有拖延症，而另外 5% 的人则是在说谎。为验证数据的有效性，我也在自己的微信朋友圈做过一个小范围的调研，让大家做“你是否认为自己有拖延症”的调查。参与调研的 105 人中，或许各自拖延的程度和状况不一，但有超过 80% 的人认为自己有拖延症，这个比例甚至比校园大学生还高。

所有的调研结果都指向一个再清晰不过的现象——拖延症就在我们身边。加拿大心理学博士蒂莫西·A·皮切尔在《战胜拖延症》一书中还说过一句发人深省的话：“人人都会有拖延症。”

拖延症患者就在我们每一个人身边，甚至于几乎每一个人都或多或少存在拖延症的情况。为了如期完成工作，很多人会列出计划，将工作分成几份，最终的结果却不甚理想。以下场景，你是否似曾相识？

第一天计划：先把一件与工作无关的私事处理完，好让自己收收心以顺利开始工作。“啊！还有好几天呢，明天再来补今天的一份活吧。”你尝试安慰今天什么收获都没有的自己。

第二天计划：对着昨天那一份的活发呆了一天，不知从何做起，无从着手，还是先放放吧，等有灵感了再做。“唉，昨天和今天那一份的活，只能明天加油补回来了。”你拍拍胸口，告诉自己明天肯定能完成。

第三天计划：领导突然临时安排了一项紧急任务，要你接下来必须花时间先完成，其余工作只好暂搁。“没办法了，前天、昨天和今天那一份的活，只能明天抓紧完成了。”你摇摇头，暗示自己这是无奈之举，好让自己心里的愧疚感少一点。

看到这里，不少读者像是“心有灵犀一点通”，感觉以上场景都曾发生于自己身上。有的读者也许会不自觉地冒出一个问题：“真的吗？我真的也有拖延症吗？”我们不妨来做一个小心理测试，看看你是否真的是拖延症患者吧。

下面一张表，共有15个问题，根据描述的行为和你的相似程度进行打分：一点都不像我，1分；不像我，2分；不确定，3分；很像我，4分；非常像我，5分。记住，一定要找个安静、放松的环境，认真阅读问题描述，根据你的第一反应快速做出选择。

表一：拖延症测试表

问题描述	一点都不像我	不像我	不确定	很像我	非常像我
1.我经常发现自己比原计划提前几天开始行动。					
2.在准备一个会议时，我总能提前做好必要的准备工作。					

（续上表）

问题描述	一点都不像我	不像我	不确定	很像我	非常像我
3.一般来说，我总能及时回复邮件和电话。					
4.我总是发现事情会拖上几天才能完成，即使完成它本来只需要很少时间。					
5.一旦得到所需要的信息，我总是能快速做出决策。					
6.一旦发现事情比较难完成时，我会告诉自己先停下，等灵感来了再做比较好。					
7.我总是匆匆忙忙勉强在截止时间前完成工作。					
8.我总能按计划完成一天的工作。					
9.我总能在接到工作任务后立马开始行动。					
10.虽然截止日期马上到了，但我依然会浪费时间在一些不相关的事情上。					
11.我经常能以更快的时间完成工作。					
12.在准备一个会议时，我很少会在最后一刻才发现有所遗漏。					
13.对于必须要做的事情，我经常会推迟启动。					

（续上表）

问题描述	一点都不像我	不像我	不确定	很像我	非常像我
14.当面对很多工作量时，我总能分清轻重缓急，找出最先要做的，以便工作顺利开展。					
15.我经常对自己说："明天再做吧。"					

来吧，计算一下自己的分数。

分数	分数解读
15—30	"是你，是你，就是你，你无疑是拖延症患者！"你经常会浪费很多时间，却总是不能按时完成任务。结果是，你让你的老板非常抓狂，他开始不相信你有能力保质保量地完成任务。那么，请认真阅读本书，找出你拖延的原因以及应对它的方法。
31—45	"虽然不是最差，但也别骄傲，你是中度拖延症患者。"你需要进一步了解为什么自己会有拖延症。当然，这里面可能会有各种各样的原因，你需要找出属于自己的原因，并有针对性地解决它，这样，你的人生会变得更加美好。
46—75	"恭喜你，你不是拖延症患者。"但也不能掉以轻心，也许在某些事情上，你偶尔也会有所拖延。认真阅读这本书，也许你会有额外的收获哦！

注：这个拖延症测试表由加拿大约克大学的 Clarry Lay 创作。虽然简单直接，却有助于我们判断自己是否有拖延症。

你的测试结果怎么样？如果是完全没有拖延的迹象，那么恭喜你！请把本书借给身边更需要它的朋友。如果你已经“病入膏肓”，或者在某些方面已经有明显拖延的迹象，那么也恭喜你，从今天起，从拿到这本书开始，你就正式踏上戒掉拖延症的行动之旅了。

那么，就让我们一起来学习吧！

到底什么是拖延症

近几年，“拖延症”一词可谓妇孺皆知，但到底什么才是拖延症呢？好像并没有统一的答案。

解决问题的前提是定义问题，想要戒掉拖延症，我们首先要定义清楚到底什么是拖延症。拖延症，顾名思义，就是指“将现在应该做的事情拖延到明天”，这可能是大部分人对这个问题的第一反应。可事实真的是这样吗？

我们先看看百度百科对拖延症的定义：“拖延症是指自我调节失败，在能够预料后果有害的情况下，仍然把计划要做的事情往后推迟的一种行为……严重的拖延症会对个体身心健康带来消极影响，如出现强烈的自责情绪、负罪感，不断地自我否定、贬低，并伴有焦虑症、抑郁症等心理疾病。一旦出现这种状态，需要引起重视。”

在百度百科中，拖延症被认为是由多种环境状态下的不稳定因素造成的“心理疾病”，建议的就诊科室是精神心理科室。

为了确认信息的准确性，我又查看了维基百科对拖延症的定义：Procrastination is the avoidance of doing a task that needs to be accomplished by a certain deadline. It could be further stated as a habitual or intentional delay of starting or finishing a task despite knowing it might have negative consequences. It is a common human experience involving delay in everyday chores or even putting off salient tasks such as attending an appointment, submitting a job report or academic assignment, or broaching a stressful issue with a partner.

简单翻译一下：拖延症是一种有确定完成的截止日期，却依然避免执行任务的行为。更进一步，拖延症是指人们在明明知道会有非常负面的影响的情况下，却依然推迟开始或完成任务的行为习惯。这个任务可能是日常的琐事，也可能是参加一个约会、提交学术报告等非常重要的任务。

对比百度百科和维基百科对拖延症的定义，我们不难发现，并不是所有的“拖延”都是拖延症的表象。拖延症必须满足三个条件：（1）有明确的截止日期；（2）明知道拖延之后会有非常负面的影响；（3）会给人造成极大的负面情绪。所以，我们习惯性对拖延症的定义是不准确的，并不是所有的“拖延”都是拖延症。

比如最常见的谈判专家，他们往往会利用拖延时间的方式说服轻生者放弃自杀的念头。很多心理学家，例如科罗拉多大学波德分校的心理学家丹尼尔·古斯塔夫森在发表于《心理科学》（*Psychological Science*）上的一项研究论文中就讲道：“拖延是人类对抗冲动的产物。从演化的角度来看，冲动是合乎情理的。人类祖先倾向于追求眼前利益……在现代，我们有很多需要提早着手准备的远期目标，当我们被冲动驱使追逐眼前利益时，我们很容易就放弃了那些远期目标，于是我们就开始拖延了。”

一些心理学家还发现，拖延往往是我们潜意识中对于风险的预判。比如事情做到一半，虽然不知道为什么，但感觉好像有些地方不对时，暂时停下来进行检查，或需要找更多信息和支持，这样可能会让我们避免更大的风险，是一种更加明智的选择。

对于拖延症主要人群的分析，从流行病学角度而言，职场白领和在校大学生是拖延症的主要“发病”人群。典型症状如下。

（1）没有自信：因为每次完成任务都达不到自己的最高要求，对自我能力的评估越来越低。

（2）我太忙：我一直拖着没做，是因为我一直很忙。

（3）顽固：你催我也没有用，我准备好了自然会开始做。

（4）操控别人：他们着急也没用，一切都要等我到了才能开始。

（5）对抗压力：每天的压力很大，所以要做的事情一直被拖下来。

（6）受害者心态：我也不知道自己怎么会这样，别人能做到，自己却做不到。

对于拖延症的诊断依据，临床上认为：拖延行为会阻碍预期目标的达成，它是没有必要的，仅仅拖延完成任务；拖延经常会给患者带来压力、负罪感、恐慌，降低效率，以及形成他人对其不能完成任务、不能尽责的不良评价，对患者现实生活造成实际困扰；恶性循环，导致进一步的拖延行为。

需要提醒的是，拖延本身很可能是其他一些心理障碍（或问题）的外在表征，即有可能是抑郁症和精神分裂症等精神疾病的症状之一。如拖延症程度较为严重或经过长时间纠正都无法改善，甚至加重时，需要进行积极的心理治疗和行为干预。

看看你的拖延倾向是什么

虽然我们尝试给拖延症下一个明确的定义，去诊断一个人是否有拖延症，再“对症下药”，彻底摆脱拖延症的困扰，但是人是世界上最复杂的动物，这不仅仅体现在我们的思想，更体现在我们的行为模式中。就拿拖延症来说，细细思考一下就不难发现，每个人的拖延都有一定的倾向性，难以想象世界上会有一个对什么事情都拖延的人。

比如身边的有些朋友在工作上总是拖拖拉拉，可对于他们喜欢的综艺节目，往往一刻都等不了而要急着去看。有的小朋友对英语作业是能拖就拖，但数学作业却从来不会拖延。有的约会，你总是拖到最后一刻才出门，但有的约会，你头一天就开始准备。就如简・博克、莱诺拉・袁所说：“面对拖延症，我们首先要能够站在客观的视角去观察自己,盘点自己的行为，去分析自己的拖延情况。”

他们把拖延的领域分为六个：事务、工作、学业、个人呵护、社交、财务，基本涵盖了我们生活中的方方面面。此处，我摘取一些关键的活动行为给大家分析。

下面，不妨勾选出那些你总是会拖延的领域，来测试一下自己的拖延倾向吧。

表二：拖延领域表

家务	工作
· 日常家用设备维护 · 呼叫维修工、承包商、园艺师、清洁工 · 退还有瑕疵的或者不需要的货品 · 文档归类 · 购买杂货和日用品 · 做决定 · 扔掉报纸、杂志和其他废弃物品 · 开箱 · 维护电脑安全，进行软件升级 · 其他	· 准时上班或开会 · 处理商务电话、电子邮件和文字信息 · 学习新技术 · 将新主意付诸实践 · 做决定 · 做行政杂物和账簿记录 · 写报告或做报表，制作演示稿 · 为解决问题而会见某些人 · 称赞某人 · 分客户开付款账单，或者递交退款单据 · 要求加薪或升值 · 做研究、制定战略规划，或者阅读与工作相关的资料 · 与你的上司一起准备一个会议 · 找一份工作，规划职业方向，建立交际圈 · 其他
学业	**个人呵护**
· 上课 · 做家庭作业，为考试做准备，写论文 · 与老师或导师交谈 · 申请大学入学及申请资助	· 锻炼身体 · 减肥 · 戒烟、戒酒、戒毒 · 定时检查身体和牙齿 · 个人卫生（刷牙、理发等）

（续上表）

学业	个人呵护
· 做例行事务（付费、购买课本等） · 完成取得学位必须要完成的事情 · 选择专业 · 为升学考试而学习 · 阅读教材纲要，以便了解哪些工作马上要到期了 · 与其他学生相处 · 给家里打电话、写信或专程回家 · 寻找受雇或者实习的机会 · 申请参与某些特殊项目 · 其他	· 常备相关处方药 · 购置新衣服 · 清理橱柜 · 将衣服送洗或修改 · 培养个人爱好，阅读感兴趣的读物 · 参与有意义的活动：服务性项目，为他人提供帮助的事情，心灵成长类和成人教育类课程 · 制定和实施度假计划 · 做长期性的生活抉择 · 安排好遗嘱或法定医疗授权书 · 其他

社交	财务
· 与朋友保持联络，个人通讯 · 与某人约会 · 邀请人们到你家里 · 拜访你的亲戚，给他们打电话或写信 · 策划和他们一起参与的娱乐活动 · 表达对别人的赞美之意，或者给别人送礼物 · 准时到达社交场合，或准时约见朋友 · 请求帮助或者支持 · 为处理问题而会见某人 · 结束一段令人不满的关系 · 洽谈 · 其他	· 准时交税 · 整理好收据和税务记录 · 为自己找一个会计顾问 · 制定预算，追踪支出费用 · 做投资 · 为解决一个问题而与银行或信用卡工资打交道 · 支付租金或分期偿还贷款 · 支付违规停车罚款 · 偿还来自机构或者个人的借款 · 收回别人对你的欠债 · 递交保险理赔申请 · 平衡你的支票簿或定期检查你的网上银行状况 · 收阅银行、贷款或投资公司邮件 · 检查你的个人信誉状况 · 其他

注：表格内容引自《拖延心理学》（中国人民大学出版社，2009年12月）。

进行简单的测试后，你是不是发现自己的拖延总是集中在某一个领域。比如烦琐的事情总是令你烦心不已，总要拖到最后一刻才去做；抑或没有截止日期的事情，总是让你失去立刻行动的动力；或是碍于情面，对于可能让朋友难堪的事情，你总是避之不及等。

《今日心理学》杂志中提到三种类型的拖延症——需求刺激型、逃避困难型和避免做决定型。

第一种是需求刺激型。这种类型的人，总是倾向于把事情推到最后一刻才去做，他们自认为无论如何，最终自己都能完成任务。比起按部就班、波澜不惊地完成任务，他们更享受最后一刻完成任务的刺激和成就感。他们的口号是：“Deadline是第一生产力。”

第二种是逃避困难型。一旦预测到可能会失败，或预估到过程中可能出现一些困难和挑战，这类人就很容易选择逃避，把行动一拖再拖。直到有一天，发现实在无法拖延时才会匆匆行动。

第三种是避免做决定型。对这个群体的人来讲，做决定是最让他们痛苦的事情。可能是害怕承担做完决定后的结果，或是对自己缺乏自信，总之，一旦决定权到他们手中，事情总是会一拖再拖。

很多时候，这三种类型都不是孤立存在的。具有某一类型的特征的人，可能也会有另外两个类型的表现。比如避免做决定的人，在做一件事情时，往往会先注意到过程中的困难，先入为主地认为难以完成任务。

但无论是哪种类型，我必须要说明，这和懒惰没有任何关系，因为拖延和懒惰有着本质上的区别。只是在工作和生活中，我们总会混淆拖延和懒惰，认为一个人拖延肯定是出于其懒惰的习性。我的一个微信公众号读者就深受其害。他工作很努力，对于领导交代的任务也都能够准时完成，但是年终述职时却被老板认为懒惰，给了不太理想的绩效。

“很多时候接到有挑战性的任务，我看似什么也没做，可事实上，我一直在积极收集资料、做调研。总得有一个好的方案，准备好了再开始行动吧。我承认，自己有时确实比较拖延，可老板却认定我是懒惰。”他感到特别委屈。

他的委屈，我能理解。因为在职场中，一旦被老板定义为“懒惰”，上升到工作态度的层面，将对其个人职业发展产生非常负面的影响。所以，我们有必要澄清懒惰和拖延的关系。在百度百科中，“懒惰是一种心理上的厌倦情绪，指散漫，形容人精神松懈、行动散漫、不振作。它的行为表现形式多种多样，包括极端的懒散状态和轻微的犹豫不决”。

必须承认，至少从行为表现层面上而言，拖延和懒惰有很多相似之处。比如面对挑战性的任务，有拖延症的人和懒惰的人可能都会缺乏开始做一件事情的动力，表现为犹豫不决、迟迟没有进展。这也是人们很容易混淆懒惰和拖延的原因之一。其实拖延和懒惰有本质上的区别，如果说某种程度上拖延还是中性词的话，懒惰就是从道德层面上对人的赤裸裸的攻击了。

1. 拖延和懒惰的动机不一样

部分有拖延症的人具有很强的成就动机，他们之所以迟迟没有行动，并不是不想或不愿意做，而是为了把事情做得更好，前期需要大量时间来思考、准备资料。相反，很多懒惰的人则是主观上缺乏对成功的欲望和原动力。

2. 人的状态不一样

拖延的人很容易陷入一种自责、懊悔、焦虑的状态中，他们有改变这种现象的强烈意愿。而懒惰的人则是非常享受无所事事的状态，认为多一事不如少一事、少一事不如不做事。

3. 对待的态度不一样

拖延很多时候是工作方法不合理的结果，可以通过方法论的学习来逐步提升，这时，人的态度是积极的。但懒惰的人对于方法论的学习，其态度往往是被动而消极的。

越是熟悉的领域，越需要我们对它有清晰的定义，否则，就很容易陷入“知识陷阱”中：总以为自己清晰掌握，就不用再作深入研究，最终错过一些更有价值的知识。

因此，在开始戒掉拖延症的实际行动前，我们必须花时间去认识这个问题——到底什么是拖延症。

拖延症不是真正的病，但危害一点也不小，它能够在无声无息的状态下毁掉一个人的人生。在对抗拖延症之前，你要明白，拖延症是如何让一个高效能人士变得平庸，又如何让一个平庸之辈变成低效能人士的，拖延是“有毒”的！

记住，明确的拖延症有上面所述的三个关键因素。接下来，需要清楚不同的人有不同的拖延倾向，这个拖延倾向的背后指向更深层次的原因。

拖延不等于懒惰，希望你能带着对拖延症的立体认知，开启“戒拖”行动之旅。

第二章

为什么会有拖延症

“当你拖延时，你在想什么？”当我把这个问题抛给那些自称有拖延症的人时，我发现，很多人从来都没有思考过这个问题。进一步追问的时候，我发现，正如“一千个人眼里有一千个哈姆雷特”，一千个人也许会有一千个拖延的理由。

虽然内心深处已经知道自己陷入“拖延的泥潭”，依然理直气壮地说出很多拖延的理由，比如还有时间、现在时机还不成熟、我还没有准备好、还有其他事情要处理、这件事并不是那么急，等等。拖延的理由层出不穷，即使深知不该如此，还是无法自拔，只能每天用愧疚感来“惩罚”一下自己。

根据归因理论，人类总能找到各种各样的借口让自己的行为看上去合理，让自己的拖延看上去合情合理。

借口是拖延的温床，我们总可以找到很多不同的借口来为我们的拖延“买单”，如自我安慰、掩饰错误、减少内疚感等。“找借口”是世界上最容易办到的事情之一，拖延越严重的人，往往身上的“借口贴条”越多。每拖延一次，便撕下一个“借口贴条”来安慰自己：这是正常的。

在我看来，一个人越成功，越不会找借口。失败者对于失败事实的第一个举动，往往是为自己的失败找出各种理由。在这个章节中，我将会戳破这些自欺欺人的借口，把身上粘人的、烦人的、影响效率的各种“借口贴条”撕下来，尝试去分析拖延症背后的真实原因，找回那个行动力十足的自己。

正式开始前，我想先介绍一位好朋友。在后面的内容中，他将会多次出现，陪伴大家一起戒掉拖延症、提升行动力。下面是他的基本信息。

名字：罗小胖

性别：男

年龄：25 岁

毕业院校：某 211 重点本科大学

职业：互联网公司小白领

病症：重度、典型拖延症患者

拖延源自对“舒适圈”的依赖

很多人的拖延，其实源自于自身的不自信，习惯于把自己困在“舒适圈”内。对于他们来讲，努力改变意味着可能会失败，那不如一直拖着更舒服。

罗小胖的同事戴维最近一直抱怨自己的工作：每天都在做重复的、毫无意义的事情，毫无成长，要是能换一份工作就好了。大学期间，戴维一直是学习上的“学霸”、校园活动中的“明星”。毕业之后，他在别人的羡慕眼光中顺利入职一家世界500强外企，准备大展拳脚，闯荡出自己的一片天地。

可惜理想很丰满，现实很骨感。这两年国内经济发展形势暗淡，很多外企纷纷缩减在中国的业务。刚入职时，公司业务蒸蒸日上，戴维也是干劲十足。可从去年开始，公司逐渐收缩在华的各项业务，戴维发现自己的工作量越来越少。今年年初开始，戴维甚至过上了喝茶、看报、签字的职场生活。戴维无奈地说：“再这样下去，我都要废了。”

“既然公司的发展现状如此，长期下去也没有什么好转的趋势，那不如换一份更有挑战的工作吧。”很多朋友都这样劝过他。好几次，戴维也心动过，暗自下定决心换个环境，找一份更有挑战性的工作，继续实现自己的职业抱负，可终究还是没有行动。

在戴维看来，现在的工作虽然没有什么个人成长，但毕竟挺稳定，公司福利也好。再换一份工作，未必有这么好的福利，万一又不能适应新工作，那到时候可能就真的失业了。那样，就真的得不偿失了。

一方面对现实不满，另一方面又用可能的风险和失败来麻痹自己，说服自己待在舒适圈中。一边抱怨，一边蠢蠢欲动，却迟迟不敢迈出辞职的这一步。最终导致这样的哀叹："最怕一生碌碌无为，还安慰自己平凡可贵。"实在令人感到惋惜和无奈。

除了戴维，世界上还有多少人为自身职场外的"花花世界"而心动不已，却用各种理由拖延自己，不愿意迈出来？

待在舒适圈，我们会感到舒服、放松、稳定、能够掌控、有安全感。走出去，意味着可能面对陌生的变化和不可预知的挑战，甚至会失败。这样看来，待在舒适圈当然更诱人。可待在舒适圈,也意味着我们会丧失接近梦想的机会,只能原地踏步。

比尔·盖茨说过："所谓机会，就是去尝试新的、没做过的事。"选择改变和行动，当然意味着可能会失败；但如果不行动，那结果肯定就是失败。下面，给大家讲一个农夫和庄园的故事吧，让大家直观感受一下前面我所论述的观点。

有一个农夫站在空旷的庄园旁边愁眉不展。

一个路人经过时问他：“这么一大片土地，都是你的吗？”

“是啊，”农夫无精打采地回答。

路人又好奇地问道：“你在田里种了麦子吗？”

农夫回答：“没有啊，我担心天不下雨。”

“那你种棉花了吗？”路人又问。

“没有，我担心虫子吃了棉花。”

“那你到底种了什么呢？”路人感到不解。

农夫摊开双手，表示无奈地说：“什么也没有种，我总是担心自己会受损失。”

不敢跳出舒适圈，对可以下的决定一拖再拖，不敢承担冒险的风险，到头来，你可能就像上面的农夫一样——一无所失。但你更加一无所得，还白白浪费了这片土地的潜力，浪费了自己的大好时光。

如果戴维真的对于自身职业发展有更好的追求，确定现在的工作无法帮助他在职业上有所成长，就不应该继续待在舒适圈中自怨自艾，而是应该写好一份简历，看看是否有更合适的机会，然后果断辞掉目前的工作，开展新的职场生活。

口号容易喊,可是找不到工作怎么办?这是一个现实问题。

有一份社会调研结果显示,每个职位 HR 需要面试超过 30 位候选人才能发出 Offer。这意味着,从写简历到最后拿到新公司的 Offer,戴维可能需要经历 29 次失败。有了踏出舒适圈的勇气,戴维还需要思考如何在一次次失败中依然坚持选择,而不是重新退回到舒适圈中。这对戴维来说,可能会是一个更大的挑战。

因此,在行动之前,我们需要保证自己有足够的勇气跳出去,面对新的职场,并保持越挫越勇的态度,在接受求职失败的现实时依旧能够自信地坚持下去,坚信自己有更好的追求和选择。

拖延是实现自我价值的"安慰剂"

加利福尼亚大学伯克利分校咨询中心的理查德·比瑞博士曾经观察一群害怕失败的测试者,发现他们都有自己的一套假设逻辑:你做的事情能直接反映你的能力;你的能力水平能够反映出你的个人价值,也就是说,能力越强的人,自我价值感会越高。

比瑞博士尝试用一个等式来总结这套假设：自我价值感 = 能力 = 表现。可以这样直观理解：“我表现好，即我的职场表达好；我的职场表达技巧好，那是因为我有能力；所以我是有价值的，我喜欢我自己。”

没有人希望被认为是没有价值的，所以担心被他人评判或者自我评判的人就有了这样一个颇有安全感的方式——拖延。于是，会出现这样的自我安慰：如果完成的结果很好，那就证明我很聪明，我有能力可以在有限的时间里把工作完成得这么漂亮；当然，如果完成得不理想，我对自己也有一个交代了，于别人而言，也说得过去。

马斯洛需求理论是行为科学的理论之一，又称“基本需求层次理论”，由美国心理学家亚伯拉罕·马斯洛在 1943 年在《人类激励理论》论文中提出，该心理学理论的核心是人通过“自我实现”，满足多层次的需要系统。该理论把人类的需求从下到上分为五个等级：生理需求、安全需求、社交需求、尊重需求、自我价值追求。其内涵是指人在满足了生存、安全的需求之后，就渴望被尊重，希望人格与自身价值被承认。

从这个角度来讲，自我价值感是最高层次的需求，是很多人做事情的动力和出发点。为了实现这个价值，我们需要更好地表现，以此证明“我有更强的能力”。

美国心理学家简·博克和莱诺拉·袁在合作编写的《拖延心理学》中提道：“自我价值、能力、表现之间的等号关系，是导致很多人拖延的重要原因：人们总是通过拖延，让自己相信他们的真实能力远大于其表现。拖延会打破‘能力 & 表现’之间的等号关系，同时还能维持自我价值感和能力之间的关系。”

拖延能给这类拖延症患者一种借口——我的成功不是因为能力不行，而是客观环境不具备。

从学生时代开始，罗小胖一直是同龄人群中的佼佼者，他考进最好的大学、选到最热门的专业、拿到最好的企业 Offer。在他的潜意识中，自己比同龄人更优秀。虽然他现状不佳，但他依然可以说：“不是我的能力不行，而是公司的大环境不好。”

说出这句话时，罗小胖也许会心虚、会有疑惑，但是他转念一想：如果我能在“BAT”（百度、阿里、腾讯）工作，我肯定比他们做得更好。没有人能对没有发生的事情做出评价，自然也无法对罗小胖的这一设想进行反驳。这种潜意识中的迷之自信，是罗小胖自我价值感的最后一道防线，可以让他安然地躺在舒适圈的温柔乡中，继续自我安慰。

因为他害怕一旦踏出这一步，也许再也找不到像现在“体面”的工作；即使入职“BAT”，也无法像他的同学那样走上人生巅峰，这相当于把他钉在失败的“耻辱柱”上，任人笑话。就如心理学家讲的，很多人都会把能力定义为自我价值感的单一因素。如果得不到一个优秀的 Offer，那就说明其能力有问题；如果能力有问题，就会自我怀疑，自我价值感就会降低；自我价值感降低，就会自我否定，认为自己是个 Loser。

因此，对于这些拖延症患者来说，还有另外一个公式：尝试行动 = 可能失败 = 能力不行 = 自我价值感低 =Loser。

对他们来说，人生最恐怖的事情就是在失败时，别人会说：“看吧，他就是这样的人！”因此，与其面对可能会成为 Loser 的风险，承认自己拖延、责备自己懒惰、偶尔懊恼一下自己缺乏勇气，显然是更加能够被接受的。

于是我们经常会看到很多人说：“如果我能早一点开始就好了。”或者说：“如果我再勇敢一点就好了。”又或者像戴维一样：“如果我能换一个工作环境就好了。”其实在一开始，他们未必就不知道会有这样的结果，只是这些借口能够更好地安慰到他们：“其实我的潜力还是有的、我的能力还是够的，如果全力以赴，我就一定能成功。”

对于这些人来说，没有人会强迫他们去改变，他们当然就会用拖延来维持着仅有的“自我价值感”，自我感觉依旧良好。然而现实是残酷的，职场晋升不会等人，职场竞争也没有“如果”这样的后悔药。当有一天不得不作出改变时，拖延就会从安慰剂变成最大的毒药，麻痹他们的行动力，降低他们的工作效率，影响他们的职业晋升，甚至造成一个无法提速的人生。

拖延源自对压力的逃避

很多相关研究表明，“享乐原则”是造成我们拖延的主要原因。奥地利精神分析学家西格蒙德·弗洛伊德认为，每个人都有“三我”——本我、自我、超我。本我是一种源自动物本能的冲动和欲望，不会考虑什么道德、法律，也不会受外界风俗习惯的影响。就像刚出生的婴儿，想哭就哭，想闹就闹，仿佛整个世界都应该围着它转。

可是婴儿也会长大，他慢慢知道原则：在家要听爸妈的话，在学校要听老师的话，过马路要看红绿灯等。他开始发现原来社会上有那么多的规则要遵守，也渐渐理解什么是善良、什么是丑陋，知道用道德去约束自己的行为，这说明他已经有了超我的意识。很多时候，超我和本我之间会有激烈的冲突，这时就需要“自我”从中协调，而“自我”是社会中真实的自己。

举一个比较形象的例子：罗小胖看到某个漂亮女孩，心动不已。“本我”将会遵从本能，意图将其占为己有，这时“超我”就会出来干预，从道德、法律的层面阻止，而面对冲突时，“本我”“自我”将会出面，选择折中的办法，如上前搭讪或者接近女孩来展示自己等。

弗洛伊德认为，“本我”是完全的潜意识，包含了我们的需求、动机、本能以及被压抑住的东西，“本我”力求让自我得到即时的满足，只遵循一个原则——享乐原则（Pleasure Principle），即追求个体欲望满足的同时也会逃避痛苦。这意味着，一旦面临压力或其他让人痛苦的事情时，人类就会启动防御机制去逃避。比如一旦罗小胖认为自己不会成功，或者搭讪可能会遭到女孩的羞辱时，即使很喜欢，他依然可能会选择一笑而过而错过一段难得的缘分。

心理学家认为，一旦人面临比较有压力的任务，就会倾向于利用拖延来逃避可能存在的负面情绪。事实上，压力和拖延是处在恶性循环中的“好基友”（好朋友的意思）。

相关研究表明，随着任务的截止日期临近，它带来的压力也会越来越大，人也就越来越倾向于拖延。这种由于压力带来的拖延是人类应对挑战和焦虑的一种自发机制。每当我们启动或将要完成一个任务，或需要做出艰难决策时，拖延很可能就会出现。

当然，工作和生活中造成压力的因素多种多样，简单来看，一般可以分为以下三种。

1. 任务本身带来的压力

人的成长，就是不断升级打怪兽的过程。从少年到青年，从校园到职场，我们接触的世界越来越复杂，要完成的任务也越来越具挑战性。很多时候，当我们认为自己的能力还不够强大，但又不得不面对一些挑战时；当截止日期日益临近，但是依然无法判断是否能如期完成时；当我们明明不情愿，但又不得不与一些不喜欢的同事合作共事时，拖延就变成逃避的一种方式。

罗小胖一直很不喜欢他的一位女同事，认为她总是斤斤计较，而且喜欢在办公室搬弄是非。“对她，我是能躲就躲。”罗小胖曾经这么说，可俗话也说：“冤家路窄。”有一天，领导把罗小胖和这位女同事一起叫到办公室，说有一件任务需要他俩共同完成。罗小胖本想拒绝，怎奈领导坚持，只好很不情愿地接受了任务。

领到任务，本以为一向工作积极的罗小胖会热情投入到新项目中。结果一个星期过去了，两个人连“碰头会”都没有启动。“实在无法想象和她一起共事的场景，太糟心了！”罗小胖无奈地说道。

与此同时，女同事也没有主动找他，大概是一样的心情吧。

两个星期过后，在领导的压力下，两个人不得不强忍着怒火正式启动了项目。本以为过程会是一场“撕逼大战”，没想到两个人优势互补，配合默契，项目成果远超领导预期。当然，由于前面浪费了两周时间，到后期他们也只能加班加点，才在截止日期前完成任务。

当然，如果任务过于艰巨、难以完成，或是对于这项任务，任务接受者本身不擅长、不喜欢，也可能会带来很大的压力，而导致其产生拖延行为。例如：

（1）面对将要到来的英语六级考试，翻开书，却怎么也看不下去。

（2）明知第二天有演讲比赛，却无法安心准备。

（3）想和女朋友提分手，却总是开不了口。

面对领导安排的、我并不擅长的重任，怎么也不想开始实施。事实上，我们都知道拖延并不能真正地拯救自己，无论是否愿意，该做的还是要做，该面对的终须去面对。拖延，只能加重内心的挣扎和焦虑。我们就是在这种恶性循环中，不断消耗着自己的精力和时间。

2. 对结果的预期

从接受任务的那一刻起，人们都会本能地对可能的结果产生预期——可能成功、可能失败。那么问题来了，哪一种预期会导致拖延行为的产生呢？

基于常识，很多人认为对于未来成功远景的预期会激发人的动力，让人更加积极地投入工作。对于失败结果的预期，也许会让你出于对挫败的恐惧，而拖延逃避。乐观的人会从中获取能量，变得斗志昂扬。悲观的人则感觉前途暗淡，心灰意冷。

然而很多时候，常识并不可靠。很多心理学家发现，无论是对结果的哪种预期，都有可能导致拖延。

（1）成功预期

事实上，对于结果的成功预期往往更加容易导致拖延。这类拖延，被专家称为“乐观主义拖延”。这类乐观主义拖延症患者往往会因为盲目的自信，而低估事情的难度和需要完成的时间。

“这件事很容易，我三分钟就能搞定”“不着急，我早晚都能搞定”“放心，时间还来得及”，都是这类口头禅，即使事实上他们什么都还没有开始做。他们沉浸在对于成功远景的幻想中，一厢情愿地以为这个世界会按照他们的计划运转。然而世事无常，一些微小的突发事件就可能打乱他们的节奏，让他们不知所措，无法应对和处理。

当然，成功预期未必就是过度自信的表现，有可能是他们十分确定这项任务的难度和需要的时间。他们已经做好前期准备，过程中可能会有些挑战，但他们享受在压力下的这种状态。于是，他们会主动选择拖延，“反正一切都还来得及”。

（2）失败预期

无数心理学研究证明：对于失败的恐惧，是导致拖延最重要的因素。“很多时候，人之所以拖延，是担心尽管尽了最大的努力，结果却依然不达预期”，挣扎着、恐惧着，却不敢迈出第一步。“时机还不成熟”“我还没有准备好”“我还没有做好详细的计划”“我还要再等等”……我们给自己找许多借口的结果就是一拖再拖。

罗小胖是一个不太擅长表达的人。对很多人来讲，能够在领导面前做项目汇报是一件特别有吸引力、有挑战性的事情。毕竟在职场，不是每一个人都有这种机会在领导面前刷“存在感”的。但好事降临到罗小胖头上时，他却犹豫了。

事情是这样的：

年初，罗小胖的 Leader 想让他代表部门向总监做一些项目汇报，Leader 说：“小胖，我觉得你的方案做得特别好，今年给你一个好机会，在领导面前展示一下你的思路。如果你今年想要晋升，这可是一定要抓住的好机会呢。”

如果是别人，听到 Leader 这么说，也许会开心得睡不着吧！罗小胖也睡不着，但他是因为紧张。“万一我讲砸了，怎么办？我从来没有在总监面前做过汇报。要么我下次再讲吧，我也能有更多时间准备。”面对这样一个好机会，罗小胖的第一反应竟然是等下次！可下次，罗小胖真的就能准备好吗？

他会继续拖下去吗？我想，大概会的。

所幸，他遇到一个好 Leader：“这次你必须要去，错过了就没有下次！”在 Leader 的“威逼利诱”下，罗小胖完成了这次汇报，且效果非常好，总监也非常认可他的专业能力。秋季晋升在望！

但并不是每一个人都能像罗小胖一样遇到这么好的Leader，有多少人在失败预期的阴霾下拖延，以致失去人生当中一个个千载难逢的表现机会，甚至是晋升机遇。人生最无奈的事情，大概就是本想拖延到下一次再做，却发现永远没有下一次了。

无论预期是成功还是失败，都有可能造成拖延，那是不是不要预期就好了呢？当然不是。首先，对于未来的预期是人类的一种本能，也是我们与其他动物的本质区别。其次，没有预期，也就没有了目标。没有目标，又何谈动力呢？正如美国“钢铁大王”安德鲁·卡耐基所说：“想设定一个目标，因为目标能指挥你的思想，释放你的能量，激发你的希望。”

（3）没有合理的工作安排

有多少个早晨，当我们昏昏沉沉地走进办公室，刚坐到工位时，脑子里就有无数个Deadline（截止期限）、Task（任务）飘过。打开邮件，Calendar（日程表）上一天的日程被安排得满满当当，我们像是一个永远不能停歇的机器，每天都要马不停蹄地运转8个小时。

不对，不只是8个小时。现在互联网公司都要求员工“996”（网络流行语，即9点上班、9点下班，每周工作6天），甚至连马云都公开说：“能996，是员工的福报。”

忙，一直忙，一直很忙，大概是现在每一个职场人的真实状态。成年人的崩溃，都是悄无声息的。压力逼迫下的焦虑、萎靡、失眠，折磨着我们的同时，也使我们变得越来越消极、“佛系”（网络流行语，指一种有目的地放下的生活态度），“不想做”“不愿做”“无所谓”“不着急”的声音，时刻回荡耳边。很多事情，都被我们以“佛系”的借口一拖再拖。

为什么我们一直在忙？为什么我们会越来越消极？除了任务确实繁重的本身，是不是和我们没有合理安排自己的工作有关呢？罗小胖不禁扪心自问，真可谓“发自灵魂的思考”。

罗小胖有一位同事，别人每天都是忙忙碌碌，加班到很晚，可他每天看上去都很轻松，甚少在公司加班，且绩效还不错。因为他的工作任务少？因为他的工作能力超强？因为领导比较偏爱他？都不是。

他只是比其他人能够更好地安排工作而已。

在职场中说，其实大家的工作都是一团乱麻，总是好几件事情并行。一件事情没有完成，又来一件新事情。“心里很烦，什么都不想做！”不知道你是否也这样说过。

在罗小胖的这位同事眼中，工作可不是一团乱麻，而是被梳理成一个个有优先级顺序的清单。先做什么，后做什么，他心里有一张清晰的图表。“我每天到公司的第一件事就是梳理一整天的工作，哪些需要优先做，哪些需要今天完成，哪些可以推迟完成。心里有谱，手脚不慌。”这大概就是这位同事看上去如此轻松的原因吧。

罗小胖还有一位同事，每天到公司打开电脑就开始工作，苦思冥想一上午，困扰他很长时间的任务终于有了思路。这时，他突然发现有一件任务下午就是Deadline，于是赶紧停下手头的工作去做另一件事。刚做完又发现有一件紧急的事情需要处理……一天下来，上午还很清晰的思路却怎么想不起来了。越想越懊恼，越想越不想做，思维变得混乱，本来设定的任务就这样被一拖再拖。

很多拖延症患者就是在这种压力—拖延—压力的恶性循环中苦苦挣扎，越陷越深。

对挑战性任务的恐惧、可能结果的种种预期、不合理的工作安排等带给人绝大压力，拖延症患者用“拖字诀”来麻痹自己、安慰自己。对于可能出现的挑战、困难和失败，拖延成了他们的盾牌，给自己带来安全感。虽然清晰知道这个盾牌无法永远保护他们，但比起勇敢去面对这些压力，拖延症患者更信奉“不到最后一刻，绝不行动”的信条。

拖延和性格、遗传有关系吗

市面上有很多关于戒除拖延症的书,都是从人的“主观因素”探讨拖延症的形成原因，其中暗含的意思不言而喻——拖延，是你主观上不努力的结果。仿佛只要按照他们（图书作者）的“药方”来做，人人都可以摆脱拖延症。

然而简·博克和莱诺拉·袁在《拖延心理学》中提到一些最近的研究数据，表明除了可能的主观因素之外，很多时候，拖延还应具有一些生物性基础：执行型障碍、注意力缺失紊乱、抑郁、焦虑、紧张和睡眠问题等。所有的这些因素，都可能对你的拖延症产生重大的影响。

1. 执行型障碍

在生活中，我们总会遇到这样一类人：他们非常聪明，对很多事情都有自己的独到见解。他们能够在复杂的情况下，迅速整理出思路，形成一个非常完美的方案（我们常见的很多咨询顾问都属于这类人）。可一旦让他们把自己的方案落地实施，他们马上会陷入“致命的无序”中，手忙脚乱，不知所措。他们不清楚应该从哪里入手，也不知道下一步如何推进，完全没了做方案时的意气风发和自信。

对于这类人，通常我们可能会称他们是“眼高手低”的理论派。在心理学上，这类人被称为执行型障碍症患者。

在书中，简·博克和莱诺拉·袁是这样形容执行型障碍症患者的：他们大脑的每个部分可能都是功能完全，但因缺乏完整的领导力，导致他们在一些关键的生存技能上有所欠缺，比如注意力缺失紊乱（ADD）。

注意力缺失紊乱在国外已经有很多年的临床研究历史，但在国内还没有引起大家的广泛关注。比如遇到一个孩子说话滔滔不绝、躁动、乖戾、无礼时，我们会归结于这个孩子太顽皮、没有教养，但往往不会想到他可能是注意力缺失紊乱。国外相关研究表明，注意力缺失紊乱并不是纯粹的心理因素，而是具有生物性特征，容易受到身体中生物酶的影响。

简·博克和莱诺拉·袁认为，注意力缺失紊乱具有三个典型特征——注意力分散、冲动和躁动不安。这并不意味着我们无法集中注意力，而是说我们的注意力不受主观意愿的控制，哪怕你想专注，但你的注意力未必能够集中。这种现象多发于儿童时期，随着年龄的增长，一部分孩子的症状会减轻，但注意力缺失紊乱依然会伴随很多人度过一生。

注意力缺失紊乱的人，往往也会有拖延的问题。这是为什么呢？

巴克立博士经过二十多年的研究发现，这是因为大多数注意力缺失紊乱患者都无法通过“运用时间上的自我控制来抑制他对当下时刻的反应”。他举了一个非常形象的例子：面对将要到来的考试，一般人可能会想“为了在数学考试中取得好成绩，所以我必须提前复习”。哪怕他非常不喜欢数学。但一个注意力缺失紊乱患者的学生可不这样想，“数学太无聊了，我不想复习”，然后去找一些能让自己开心的事情做，这也就导致了拖延。

看到这里，你的脑海中也许会不自觉冒出一个问题——我有执行性功能障碍吗？想要回答这个问题，不妨看一下执行功能具体包含哪些要素吧。

简·博克和莱诺拉·袁在《拖延心理学》中把执行功能的四大要素——注意力控制、认知弹窗、目标设定和信息处理分为 10 大功能。

（1）启动任务（起始，产生行动的想法）。

（2）维持注意力（保持关注，持续跟进，每次专注于一件事）。

（3）抑制冲动（在行动前有所思考，保证计划不被临时中断）。

（4）转换注意力（能够按照计划，把关注点从一件事平移到另外一件事上）。

（5）流程记忆（记得计划、指令以及以前学到的东西，并能够举一反三）。

（6）情绪控制（调整和管理情绪）。

（7）组织材料（收集所需材料，并能进行有效管理）。

（8）自我监测（能够进行客观的自我评价，并根据情况进行自我对话以获取能量，渡过难关）。

（9）时间管理（时间意识，以及对待时间的务实态度）。

（10）计划（能够分清楚事情的优先级、找出达成目标的关键步骤和里程碑，并能够提前为以后的行动做好准备）。

如果你有在企业做项目的经验,相信你已经敏锐地察觉到，这就是我们做项目时的一些关键点。对照以上内容，不妨思考一下，里面有哪些环节曾让你痛苦不已？你是否总被工作和生活中的其他小事干扰而无法集中注意力？面对突发情况，你是否总会有应激反应而不是三思而后行？你是否会因为项目没有按计划实施而大发雷霆？你是否总是无法及时判断出事情的优先级而导致整体进度缓慢？

如果你发现上面的举例里有一些你总会一遍遍掉进去的坑，那说明你可能在执行功能上出现了一些问题。由于执行功能的生物性，市面上很难有所谓的“方法”能够帮助你彻底治愈它。

就如戒掉拖延症一样，执行功能障碍也将是我们很多人一生都要面对的对手。也许我们终其一生都无法根除，但这并不代表就要缴械投降。我们依旧要保持信心和积极的态度，找到正确的工具、方法，帮助自己像应对拖延症一样对抗执行功能障碍。

2. 强迫症

美国加州大学的杰夫瑞·舒茨瓦研究发现，“强迫症”患者会经常处在一种“脑锁住”的状态，他们的大脑无法自动换挡，于是其思想和行为会陷入一种不断循环的怪圈。为了更好理解什么是“脑锁住”，我们不妨假设这样一种场景。

有一天早上你匆匆忙忙出门，等了半个小时，刚准备排队上地铁的时候，发现自己好像忘记锁门了，想回去检查又担心会迟到，毕竟好不容易才赶上地铁。一路上，你都在努力回忆自己有没有锁门。到了公司，你的担心不但没有减缓，反而更加严重。因为你突然想起之前听小区保安提到最近的偷盗事件非常多。接下来的一整天，你变得非常焦虑。一边继续努力回想自己是否真的没有锁门，另一边又担心如果小偷真的入门盗窃，家里将会损失惨重。结果就是，你一整天下来，什么都没做成。

简·博克和莱诺拉·袁提到我们脑海中有三个人：对产生错误而担心的小人；增强焦虑感并加以反应的小人；危机解除后负责换挡回到常态的小人。

对于很多“强迫症”患者来说，他们脑海里只有前两个小人很强，第三个小人很弱。所以一般人遇到上面提到的场景时可能会安慰自己：“放心，门已经锁好，不用过分担心。”“强迫症”患者的前两个小人会争执不休，让人无暇去做其他事情。

“不仅仅是‘强迫症’患者会有‘脑锁住’的状态，很多非‘强迫症’患者往往会因为对害怕犯错误而进入一种脑瘫痪的状态：做一件事情前总是陷入对好处和坏处的排列中，不断拖延而没有真正进行下一步行动。”简·博克和莱诺拉·袁进一步阐述。

3. 生物钟

每个人都会有自己的生物钟，有的人早上特别清醒，工作效率高；有的人更喜欢晚上安安静静工作，效率更高。早上清醒的人，如果非让他在下午或者晚上处理复杂的任务，那将是一件非常折磨的事情，只会让他在拖延的路上越走越远。每个人都应该找到自己的生物钟，充分利用好这短时间去处理最重要的事情。

提到生物钟，一个绕不过去的话题就是睡眠。斯坦福大学医学院睡眠失调中心主任威廉·迪蒙特一项目研究表明，睡眠不足会对执行功能障碍者有直接的影响。“一段睡眠不好，人们很难集中注意力，比较易怒、暴躁、拖延。”

剥夺年轻人的睡眠，很多时候就是在剥夺年轻人的执行力。特别是当我们在面对一些自认为“简短”“重复”“无趣”的工作时，工作效率会显著降低，也经常会引发拖延。

这时你就能理解为什么社会上有那么多人去反对互联网公司的“996”上班文化。企业领导总是倾向于让员工有更多的贡献，但又不让员工有充分的睡眠。结果员工满意度低，幸福感低，企业的发展也没有达到他们想要的效果。

希望这个章节结束的时候，我们可以改变对拖延症的武断结论。很多时候，拖延并不只是主观的“不求上进”“没有追求”，也并不是只要你想，你就能彻底摆脱的。就像简·博克和莱诺拉·袁说的：“很多人经历拖延症的背后，多多少少都会受到生物性因素的影响。很多时候，拖延只是人脑的一种自我保护和预警机制而已。对于拖延症患者来说，理解拖延背后的生物性因素，也能帮我们以更好的心态开启与拖延症的斗争之路。”

拖延症虽然强大，但我们已经无路可退，因为我们已经被它折磨得太久、太久！

乐观的人和悲观的人，哪个更容易拖延

乐观的人和悲观的人，哪个更容易拖延？这是一个非常严肃的问题。事实上，很多研究都表明，拖延几乎是所有乐观者的一个共性。2011 年，圣迭戈州立大学心理学教授杰夫·康特开展了一项研究，他将研究的参与者分为两种类型——A（野心勃勃、争强好胜）和 B（有创造力、乐观、喜欢沉思），并让他们凭自己的判断去感知一分钟到底有多长。

A 类型人感觉的 1 分钟实际是 58 秒，而 B 类型的人感知的一分钟却长达 77 秒。显然，相对于 A 型性格，B 类型的人会更容易拖延。此外，另外一项研究也表明，相对于悲观者，乐观的人总是会低估工作的难度和完成工作所需要的时间，同时他们也会更倾向于高估自己的效率，他们总是认为自己可以在很短的时间内高效完成手中的项目。（资料来源：https://www.

weixin765.com/doc/oologqqf.html）

所以，对于很多拖延症患者而言，自己才是最大的敌人。

当接受一个任务，或者设定一个新的目标时，乐观的人总是自信满满，总觉得自己可以有条不紊地完成它。在定下目标的那一刻，乐观的人就已经陷入达成目标的兴奋当中，虽然事实上他们什么都还没做。

可能过了一段时间，计划依然没有启动，但他依然相信自己会按照计划，自然而然地达成目标。很多时候，他们沉浸在目标达成的快感中，以至于对于什么时候开始启动计划并不关心。

仔细想一想，你们是否也碰到过这种情况？

在年初，你制定了新年的旅行目的地——日本。3—5 月，是去日本看樱花的最佳时节。你也确实准备这个时候去。你会和亲戚、朋友分享你的旅程计划，例如你准备去哪些地方、准备吃什么、准备住在哪里、准备拍什么样的照片等。你越说越兴奋，仿佛你自己已经去了日本一样。

这时有个朋友提醒你："去日本，需要提前办理签证。"

"没事，不着急，还有两个月呢！"确实，还有时间，你也一直不担心。工作忙忙碌碌，日子也过得很充实。你知道自己 5 月去旅游，心情也很期待，订机票、查攻略，以为一切都已准备就绪。

时间到了 4 月，这时，又有朋友跟你聊到签证的问题，你才发现一切都做好了准备，但就是签证还没有办。你有一丝担忧，但仍觉得问题不大，想着还有一个月呢。

于是你准备申请签证时，突然发现办理时长要 15 个工作日，需要 5 万元的存款证明，非上海户籍的人还需要提供居住证……这时，你才真正有点慌了，因为你发现自己好像什么都没有准备好。

有点焦虑，压力也越来越大，你告诉自己无论如何也要申请签证。本来有足够的时间去准备签证的办理，却因为低估办理签证的难度而手忙脚乱。

除了会低估事情的完成难度，相对于悲观的人而言，乐观的人总是更缺乏时间观念。守时，对于很多乐观者来讲都是非常有挑战性的，因为他们总是有各种各样的理由拖延。

罗小胖星期六下午 2 点约了前同事一起喝下午茶。提前查过路线，从家到喝下午茶的地方大概需要 45 分钟。罗小胖本准备下午 1 点从家里出发，这样就能提前 15 分钟到达。

吃完午饭已经 12 点 30 分，罗小胖想着刚好可以趁这段时间，把衣服洗一下。把脏衣服放进洗衣机之后，想着还有时间可以躺着睡一会儿。一觉醒来，发现已经下午 1 点了，这时洗衣机里面的衣服刚洗好，于是把衣服晾在阳台上又花了 5 分钟。

这时，罗小胖看到镜子里自己的头发有点乱，又花了 5 分钟用点发胶整理下头发。慌慌张张下楼了，发现没有带手机，又跑回去取手机。好不容易到了地铁站，发现刚好错过上一班地铁……本计划提前 15 分钟到达的罗小胖，结果却迟到了 30 分钟。

偶尔的迟到并不可怕，可怕的是乐观拖延症患者对于迟到的危害性缺乏敏感："不就迟到几分钟吗？无所谓。"但实际上，不同的人对于时间的观念并不一样。在西班牙、南美洲，时间观念是不存在的。可在西欧人眼中，准时是非常重要的原则。在美国眼中，时间就是金钱、就是生命，因为你的拖延而浪费他们的时间，就是在谋财害命。

如果你的朋友是西班牙或南美洲的，那就还好。可如果你的朋友是德国的，那你不经意的拖延，可能就会降低你在朋友眼中的印象分，甚至会永远失去这个朋友。

这并不是说大家不要乐观。事实上，无论工作或者生活，我们都需要积极乐观的态度。研究表明，乐观者在工作中更有创造力，能给人能量，也更具有团队精神。在生活中，乐观的心态也能更好地帮助我们减轻压力，增强免疫力和幸福感。当你发现自己对一件事情过于乐观的时候，也许拖延症就潜伏在某个角落，时刻准备出来刷下存在感。

你是“低自我效能感”患者吗

罗小胖一直有一个困惑：为什么别人接到一个新的工作任务时会很兴奋，甚至会有很多对于最终成功愿景的生动描述，而他自己却总是先看到困难和挑战，总会怀疑自己完成不了。这其实是自我效能感在背后作祟。

20 个世纪 70 年代，美国心理学家阿尔伯特·班杜拉在其著作《思想和行为的社会基础》中首次提出“自我效能感”的概念。他认为：当人们面临一项任务时，会不自觉地对自己是否有能力完成这一任务进行推测和判断。随着研究的深入，班杜拉进一步明确自我效能感的定义：“人们对自身能否利用所拥有的技能去完成某项工作行为的自信程度。”

在接下来的几十年里，自我效能感理论又得到极大的丰富和发展，也被广泛应用到心理学、社会学领域中。

在班杜拉等心理学家看来,影响自我效能感的因素有很多，其中比较关键的因素是个人自身行为的直接经验，可以是成功经验，也可以是失败经验。研究表明，成功经验会极大提升效能期望，失败经验则会大幅度降低效能期望。

简单理解就是，如果你对一件事有过成功经验，那当你再次面对类似事情的时候会更有自信。如果你对一件事情有一次或多次失败经验，那你再次面对类似任务时更容易产出自我怀疑的意识。

不过需要注意的是，自我效能感除了与以往经验密切相关之外，还会受到个体因素的影响。如果把成功经验归结于自我能力等可控因素，自我效能感会大幅提升。同理，把失败经验归结于外部环境等不可控因素，自我效能感会就会大幅度降低。

此外，自我效能感的另外一个关键因素是情绪唤醒。班杜拉的“去敏感性”研究发现，当我们面对某项活动或任务时，强烈的激动情绪（例如焦虑、恐惧等）会妨碍行为的表现，进而降低自我效能感。班杜拉认为:“当我们被厌恶情绪所困扰时，对于成功的期望会被大幅度抑制。”

很多相关研究表明，自我效能感会直接影响甚至决定人的行为，以及对该行为的坚持性和努力程度；影响人的思维模式和情感反应模式，进而影响的人新行为的获得和习得性表现。总结起来，人的行为表现可以分为以下四个方面。

（1）影响人们在困难面前的态度。

（2）影响人们对于活动、任务的选择和坚持。

（3）影响新行为的获得和习得行为的表现。

（4）影响活动时的情绪。

班杜拉提出，自我效能感高的人对于成功的期望会更高，也更加乐于迎接困难和挑战，能够控制产生自暴自弃的想法。而自我效能感低的人，在挑战性任务面前，更容易畏缩不前，情绪化地处理问题。在压力面前，他们更容易束手无策、易受惊惧的干扰，哪怕他们其实具备一定的知识和技能。

加拿大阿尔伯塔大学心理学家罗伯特·克拉森的一项研究证实了低自我效能感的人往往更容易拖延，他们很难完成自我安排及规划策略，相反，他们会花更多的时间在拖延上，并且在越重要的任务面前，拖延的时间会越长。

其实，很多拖延症患者都有一个共同点——低自我效能感。他们认为自己缺乏完成任务所需要的知识和技能，在面对任务时，会首先给自己设限，如暗示自己“这件事我做不来”“是我做的话，肯定会失败”“我的能力还不够”，等等。因为觉得自己可能没办法很好地完成任务，拖延就成为他们应对失败和压力的一种常用手段。

对于低自我效能感的人来说，戒掉拖延，首先要做的就是建立可自我调节的自我效能感。下面为大家提供四个有效的应对策略。

1. 可行性：确定切实可行的目标

低自我效能感的人之所以拖延，是因为他们缺乏对成功的信心，觉得自己无法胜任或无法顺利完成工作。这时，他需要先给自己确定一个务实的小任务，但需要保证这个任务足够现实且可衡量，有一定的标准和可行性，能充分落地的。

然后把这项任务切割成一个个更小的单元，在比较短的时间内逐步完成它，以快速取得阶段性成功，好让自己有一定的成就感，去支撑自己完成下面的任务。

万事开头难，好的开头能够帮助我们建立信心。在接受任务后，不妨先给自己树立一个个小小的目标，试着把任务按一定逻辑进行拆分，再逐级达成目标。当然，每完成一个小目标时，给自己适时的心理鼓励，无疑能增强自我效能感哦！

2. 稳定性：克服面对任务的负面情绪

很多时候，当我们面对一个任务时，还没开始启动，往往便会有先入为主的情绪，比如恐惧、焦虑等，于是，各种负面情绪如山洪暴发，让你难以掌控和保持冷静。

比如面对一个挑战性很高的任务时，也许你的第一反应是“这个任务太难了”“时间太赶了，可能来不及”“手里的工作太多了，挤不出时间”等，这时你就很容易对这个新的任务产出厌恶情绪，并想去逃避它。其实，一件事情是否令人厌烦，跟这件事情本身真的没有多大关系。

因此，在接受一个新任务时，我们需要从时间管理、精力管理、工作规划等方面，让自己逐步从厌恶的负面情绪中走出来，先从心理上正视它，把完成任务当成一种升级打怪兽的有趣游戏。这样，你将更能理性思考这项任务的完成方法，稳定自己的情绪，戒掉拖延，提升行动力。

3. 仪式感：给自己的阶段性奖励

生活需要仪式感，这句话不仅仅可以用于生活，更可以用于职场工作中。低自我效能感的人更需要通过不断的自我奖励，提升完成任务的信心和动力。当然，这种奖励可以是大的、小的，只要能对你自己起到激励作用的就行。

对于耗时较长的大项目而言，更需要考虑如何能在项目跟进过程中不断增强信心、不断自我激励，并时刻保持积极的心态，这些因素都将直接影响着项目跟进者的耐力和信心。

在这个过程中，如上述所言，当取得阶段性成果时，还需要给自己仪式感很强的奖励，如去吃平日喜欢的菜肴，填饱你的胃；点一杯平时喜爱的饮料，用其中的糖分给自己释放满满的能量；休息一下，做做放松身心的瑜伽等。把工作模式变成“多节火箭模式”，让每一个阶段的任务完成都变成下一个阶段的助推剂，推进任务有序完成。

4. 提速：提升专注力和行动力

在上一节中，我们已经明确了工作效率与压力无关，而与专注力相关。在日常工作中，我们需要找到最适合自己的工作状态和节奏，好让自己以百分百的精力投入工作中，通过提高工作效率，而不是延长工作时间来更好地完成任务。这能够帮助我们营造积极的工作情绪，享受工作的过程以及工作阶段性成果带来的成就感和满足感。

对于很多低自我效能的拖延症患者来说，建立可自我调节的自我效能感是一个长期的过程，需要通过刻意的、长时间的练习，改变固有的思维习惯，屏蔽掉那些诱惑我们一拖再拖的杂音和杂事。但首先我们需要认识到自己的低自我效能感，并且有足够改变自己的勇气和动力，一步步、一点点摆脱拖延症的困扰。

拖延源于我们对压力创造效率的误解

假设一种场景：有一天，领导交给你和罗小胖一个相同的任务，要求你们用一个月的时间完成某一个行业的市场调研。接到任务的你们都有点慌，因为：调研的是个完全陌生的行业，你们都不了解，需要从零开始；之前都没做过类似行业的调研工作，零经验；一个月完成行业调研，是一个非常大的挑战。

慌归慌，领导的任务还是需要完成的。你和罗小胖立马投入工作中，但你们俩的做法可大不相同。你是这样安排的：

第一周：你提前做了很多功课，如向部门前辈学习如何做行业调研（包括行业调研的步骤、工具、方法，过程中可能出现的陷阱），通过各种渠道收集所有行业相关的信息，并梳理出行业调研的整体框架，最后制订了整体项目进度表，明确项目各个阶段需要完成的任务和产出。

第二至三周：你按计划推进市场调研，制作行业调研问卷和行业专家访谈提纲、整理汇总调研信息。虽然过程辛苦，但一切都在掌控之中，你对最终的结果信心满满。

第四周：马上到 Deadline 了，你已经万事俱备，就差 PPT 了，于是，你花了三天制作 PPT，一天美化版面。周五上午又仔细检查一遍，确认没有问题之后，就把市场调研方案发给领导，伸个懒腰、长舒一口气。

和你不同，罗小胖是另外一种工作思路。

第一周：罗小胖做了一些简单的功课之后，发现市场调研好难啊！很多人都是工作好几年之后才独自完成市场调研的，“我自己一个菜鸟真的能完成吗？”罗小胖不禁质疑自己。应该从哪些地方开始这个调研呢？问问前辈？他们会不会取笑我啊？在网上找一找资料？这么多信息，哪些是有用的啊！怎么办，怎么办？

第二周：怎么办，怎么办？眼看时间过去一半了，罗小胖还没有想好思路，就这样，浑浑噩噩度过了第二周。

第三周：领导又来问进度了，可是罗小胖还没有思路，只能随便找个还在继续的理由搪塞过去。“没时间了，没时间了，这周一定要启动，我得好好做个计划。”罗小胖继续给自己“打鸡血”。

第四周：时间怎么过得这么快，周五就要交报告了。不管了，做起来再说。于是，罗小胖每天 8 点到公司一直加班到夜里 12 点，中间还夹杂两个通宵，终于在周五下午“凑”出一个报告来。来不及检查就立马发给领导。罗小胖还庆幸自己赶得上截止时间，觉得自己真棒，竟然在这么短的时间内搞定一个报告，心里美滋滋的。

先不管过程和结果如何，你和罗小胖都在一个月的时间内完成了这个颇具挑战性的任务，恭喜你们！

下面，我提出一个小问题：你和罗小胖，谁的成就感会更高呢？

美国达拉斯大学心理学家 Erin Freeman 和他的同事们研究发现，拖延经常会成为一些人需求刺激的方式：“很多拖延症患者享受时间紧迫所带来的压力，他们倾向于认为自己在压力之下会更有灵感、效率也会更高，自己获得的成就感也会更高。”

究其原因，可以从以下三个方面来看。

1. 短时间内完成任务是个人潜力的表现

很多有面试经验的人都经历过“压力面试”，即面试官在短时间内制造大量的压力，观察候选人在压力下的表现。压力面试的簇拥者相信，优秀的职场人总是能够在压力下表现出更好的潜力。

“很多人都是戴着面具来面试的，压力面试能够褪去候选人的面具，发现他们的真实能力。”一位资深面试官说。换句话说：压力状态下更能看出人的真实能力。在职场中，我们也经常会用“抗压能力”去评价一个人，能够在短时间内完成一项任务，仿佛成了成功人士的标配。

这导致我们往往过于关注那些总是获得过高评价，且能在最后一刻完成任务的人，即使这很可能是因为他们前期不必要的拖延。相反，对于那些按计划完成任务的人，我们更倾向于认为这是“理所当然”的，因为他只是按计划推进而已。

2. 混淆压力和专注的概念

特拉华州大学心理学家 M. 朱克曼认为很多拖延症患者总是错误地认为在“压力下的高效率、创意”是完成任务的一种工作方法，是一种情感的满足和获得感，但没有专注的因素。这类拖延症患者非常享受自己在压力下满血复活的状态：充满极强能量，偶尔还有意想不到的点子和创意涌现。

“要不是有压力，我肯定想不到这么好的创意。”很多拖延症患者这样为自己辩解。

事实上，创意、点子、工作效率并不是“专注”产物，也不是“压力”的产出。那些不拖延的人，他们知道自己在什么时候工作效率最高，知道自己在什么时候应该保持专注，他们的创意是源源不断地涌现的。拖延症患者则在 Deadline 的压力下被迫保持专注，他们通宵熬夜、抓耳挠腮，在焦虑中不断折磨自己。

相对于很多人用“焦虑”“健康”换来的效率和灵感，我们认为“专注”是更好、更可持续的方法。与其享受拖延带来的刺激，倒不如训练自己获得专注的能力，培养自己保持专注力的习惯。

3. 缺乏对质量的关注

在职场中，有一类人注定被淘汰，他们只会按时完成一个任务，但对于完成的质量是不是高，他们并不是特别关注。“反正我已经尽力”“我只能做成这样了”“这是我熬好几个通宵的结果”等，都是他们最常用的说辞。

比如罗小胖，看上去，他确实很努力，不信的话，你去翻看他的微信朋友圈：“0:00，还在公司加班。”这份行业调研确实是他花几个通宵加班的结果，可他真的尽力了吗？同事在做调研的时候，他在干什么？同事在访谈的时候，他在干什么？同事一遍遍检查校对的时候，他在干什么？

是的，他们确实都完成了任务，可是质量呢？在职场中，我们经常会用“靠谱”去评价一个人。这种靠谱，不仅仅在于他是否能够准时完成任务，更在于他完成任务的质量是靠谱的——不用返工、不用反复检查。

当你有“拖延一下无所谓，反正也不会影响任务完成”的想法时，不妨暗示自己这句话：“完成任务是职场人职场素养的基本要求，保证质量的稳定交付，才是人的能力的体现。”

拖延制造压力，拖延创造效率和灵感，所以拖延＝效率和灵感，很多拖延症患者的潜意识中都会有这么一个危险的公式。拖延症患者就是在“压力”制造的虚幻“成就感”和“满足感”中被毁掉的。

用 M. 朱克曼的一句话结尾：“你所经历的情感上的满足，并不是你继续拖延的动力，而是你在时间不多的情况下充满赶工的焦虑感。它是拖延的结果，而非你成功的原因。”

Deadline真的是第一生产力吗

“北上广深”（网络流行语，北京、上海、广州、深圳的简写）

不相信眼泪，但相信户口本。对于很多漂泊在北上广深的人来讲，户口本仿佛是一张登上诺亚方舟的船票，拿到它，才能让那颗“叮叮当当”的心有处安放。

“拿不到这张船票，就不能说已经稳定下来了。”罗小胖的一位同事说。

罗小胖在一家世界知名的互联网公司工作。因为该公司是纳税大户，政府每年都会有很多政策倾向。即使这样，在北京这样一座城市，帮所有员工拿到户口显然不太现实，但有一个折中方案——可以让员工办理工作居住证，关键是没有名额限制。

关于北京工作居住证，这里要科普两个小知识：（1）工作居证住不针对个人开放，只有满足一定条件的企业才能申请（极其苛刻）；（2）在购房、车牌、子女教育等关键维度，工作居住证享有和京籍同样的权利。

也正因为工作居住证如此珍贵，罗小胖入职满6个月后，立马着手工作居住证的办理。HR（人力资源）告诉罗小胖，一般申请周期是2—3个月。正当罗小胖憧憬拿到工作居住证之后就可以“摇号”拿牌、买车的时候，突然看到HR一个通知：

“政府的工作居住证收紧，分到公司的名额减少了很多。

因此，以后工作居住证的办理实行积分制，即根据员工的司龄、学历等维度滚动打分，根据排名先后决定办理顺序，其中工龄的权重最大。”

罗小胖赶紧去系统看下自己的排名——两百多名！还好，还好，今年还是有希望的。

第二周，罗小胖再去看下排名——三百多名！

第三周，四百多名！

第五周，六百多名！

……

俗话说：“是可忍，孰不可忍。”罗小胖冲到HR面前质问：“为什么我的排名越来越靠后了呢”？HR的回复让他哭笑不得：“没有名额限制的时候，很多老员工一直拖着不办。现在名额限制了，他们一窝蜂地全都申请了。你工龄短，所以排名就越来越靠后。”

罗小胖的这个故事，突然让我想到之前在《南方都市报》上看到的一个故事。

过去，美国国家科学基金会（NSF）项目评审小组一到项目申请就十分头疼。其实每年NSF都是提前好几个月就会开放项目申请。刚开始的一段时间，申请者寥寥无几，可是到

Deadline 前的最后一周，大量申请者会蜂拥而至，让评审小组的人忙得晕头转向。

后来，评审小组不得已想出来一个“损招”——干脆把 Deadline 取消！ NSF 先从地球科学部一个小的拨款项目开始。2011 年，他们取消了这个项目的 Deadline，当年的申请数量竟然直线下降 50% 以上。即使到现在也依然保持非常低的数量。这并不是个例，后来 NSF 又在其他几个项目做了类似的实验，发现申请数量都出现了明显下降。

Deadline 真是一个神奇的东西。没有它，一些很重要的事情，比如工作居住证的申请就会被无限制拖延下去；NSF 的那些本来会申请的项目竟然也不再申请了。

看来，拖延症真的是第一生产力啊！

写大学毕业论文时，前几个月还在图书馆抓耳挠腮，一整天也写不了几个字。Deadline 的前一周突然就变身为“学霸”，一天能码几千字。工作后，要完成一份报告，前几天毫无灵感和头绪，没有动力，也不知道从何下手。Deadline 的前一天，突然动力就来了，灵感也来了，一个通宵就完成整个报告。

从小我们就被教育：没有 Deadline，你将不知道何时开始，更不知道何时结束。比如罗小胖提交的一个策划方案明明很不错，可领导还是要求他一遍遍地修改：“反正还有时间，我们再优化优化细节。”领导这么说：“如果有 Deadline，相信我们的策划方案会推进得更加顺畅。”

还有人表示自己属于压力型“人格”，也是在压力下越有动力和灵感。一名大学生说过：“Deadline 来的时候，自己会更专注，脑子也转得更快，工作效率也会更高。如果没有 Deadline，我想大概会一拖再拖，结果什么都做不成。”

在广告行业，流传着这样几句话：

“不到 Deadline，灵感没有影。”

“不到 Deadline，创意没有魂。”

“不到 Deadline，下笔没有神。”

Deadline 让一些人的工作效率、灵感不断提升的同时，也让另外一些人痛苦不已。“人生，就是被这样一个个 Deadline 推着被迫前行的。”罗小胖一位从事咨询行业的朋友说。

在 Deadline 的前一天，她基本没有时间睡觉。“在截止日期的前一天，脑子有时飞转，有时又像缺少机油的齿轮，‘咯吱咯吱’就是转不动，整个人都非常疲惫和挣扎。经过整夜的通宵，皮肤差了，黑眼圈也有了，连头发也大把大把地脱落……我恨 Deadline，如果没有它，我的幸福感一定会提升很多。”

罗小胖的这位朋友埋怨道。

这个观点也从另外一位朋友处得到验证：“Deadline会带给我极大的压力，逼迫我不断去赶一个个任务。很多工作，我本可以做得更好，但就是因为Deadline，我的工作节奏被打乱，从而不得不牺牲质量，仅仅是完成工作而已。这并不是我想看到的，我能怎么办呢？”

Deadline就是让人又爱又恨的存在。喜欢的人，认为它是对抗拖延、激发灵感、提升执行力的灵丹妙药；不喜欢的人，说它只会制造压力、降低生活品质、让人变成“完成任务的机器”。

很多拖延症患者总是迷恋Deadline，以为有Deadline才有灵感，才会有生产力。从某种程度来看，Deadline确实能够激发潜力，逼迫我们在短时间内迅速规划好时间，提升专注力和工作焦虑感，有效对抗懒惰引发的拖延。但同时也应该注意到，Deadline并不总是戒掉拖延的灵丹妙药，它还有很多副作用，甚至会引起“并发症”。我们不能让自己一直用“Deadline是第一生产力”的借口把所有事情拖到最后一刻，这将给我们的身体、精神状态带来极坏的影响。

此外，并不是所有事情都是有Deadline的，比如学习、健身。

这些都是没有 Deadline，却对我们的个人发展有着极大的影响，盲目迷恋 Deadline 的作用，反而很容易忽略掉这些本应该非常重要的事情。

想象为什么那么多高中品学兼优的学生一到大学就废了，这使我突然想到之前看到的一句话——所谓成长，就是在没有 Deadline 的情况下，还能知道如何有条不紊地完成任务。

拖延症的最佳CP：完美主义

完美主义者心中往往有一个矢志不渝的目标——追求完美。这样，他们做面对一项任务时，总会有与生俱来的冲动，想要努力去完成它，做到尽善尽美。但这个过程中，一旦他们认为条件尚不成熟或者事情尚不完美时，又会陷入巨大的矛盾中。这种矛盾的心态，是很多人拖延的诱因。

同时，很多心理学研究也表明，拖延症经常作为完美主义的最佳 CP（Couple 的缩写，英文原指夫妇、情侣这类，现指看起来赏心悦目的配对情侣）出现。在心理学研究中，美国芝加哥德保尔大学心理系副教授拉里认为："完美主义的观念会阻止很多人前进的步伐，让人不敢行动，并最终导致拖延的发生。”

1. 没有完全的准备，就无法启动

完美主义者接到一个新的任务时，总是希望能够制定出完美的计划，充分考虑各种因素，并做好万全的准备，以保证结果万无一失。因此，他们总是会用大量时间做计划；收集各方面的资源和信息；推演过程中可能出现的各种困难和挑战，并提前做好应对方案；征求、收集各类专家、前辈的经验等。只有当他们认为万事俱备的时候，才会真正启动任务。

一旦认为时机尚不成熟、方案尚不完善、准备尚不充分时，他们会迟迟无法行动，即使时间已经非常紧迫。

比如罗小胖以前就被推荐参加一个设计比赛。在比赛开始前两周，罗小胖一直在翻阅各种材料，想要有一个完美的创意才开始作品的设计。别人催他的时候，他总是说：“我还没有准备好。”可时间不等人，报名截止日期很快就到了，可罗小胖依然想等到他认为的那个“好”创意出现。

其间，他其实有过很多 Idea，如果能尽快开始启动，在报名截止日期前完成设计，未必就不能得到一个名次。但对于完美创意的追求，让他彻底错过了这次比赛，某种程度上也断送了他的设计师之路。直到现在，每每想起来，他都懊悔不已。

无论工作还是生活，面对一个新的挑战，充分的准备都是十分必要的。但这个世界，唯一不变的就是永远在变，没有人能够真正预测未来。与其陷入漫长的准备期，不如果断开始、立刻行动。

当你真正上路，才会发现沿途的风景有多精彩，也才真正知道挑战和困难是什么。遇到挑战和困难并不可怕，解决它们就是了。可怕的是，我们都还没上路，连遇到和解决它们的机会都没有。

2. 过程完美和结果完美，我都要

完美主义者往往在开始时斗志昂扬,但又很容易半途而废。

首先，完美主义者追求过程的完美，所有不可控的、意外的事情都会让他们陷入极度的矛盾中。例如在项目跟进过程中，如果阶段性的成果不及预期，他们很可能会“困死”在这个点上无法前进，而忽略整体目标的达成。

其次，完美主义者非常在意其他人的评价。正如一位心理学家说的：“让赞扬代替批评，是完美主义者的一贯愿望。”他们很容易陷入别人的评价和负面反馈所引起的焦虑感中不可自拔，这样他们背负起比其他人更大的压力，最终导致拖延和逃避。

相信很多职场人都会有这样一种感受：过程完美和结果，往往是鱼与熊掌不可兼得。我们手中的工作，无论大小，总会有 Deadline。在有效的时间内，如果在质量和效率中非要做一个选择，你会选择哪个呢？

举了例子来说：A 和 B 两个人在一家广告公司负责设计类型的工作。A 做出来的设计质量更高、调性更高，但每天只能完成三款设计。B 做出来的设计则比较普通，也能满足客户的需求，但他每天能够产出五款设计稿。假设你是这家广告公司的老板，你更喜欢 A 还是 B 呢？

很多完美主义者会毫不犹豫地选择 A，因为 A 更具工匠精神。但事实刚好相反，很多老板会选择 B，因为 B 的效率更高，单位时间内的产出更高。但这并不是建议我们都要降低对于质量的要求，而是说我们需要在过程完美和结果中做出选择。最起码在职场中，相对于过程完美，结果更重要。

结果导向的更重视最终结果的达成，对于过程中的“瑕疵”和不完美，他们会有更大的包容度。他们不会为过程中某个点的完美而导致整体进度的拖延。

完美主义者则更倾向于过程和结果的双重完美，他们既想最终结果完美，同时又期待过程中每一个环节都能十分完美。一旦过程的某一个环节不达预期，便徘徊在原地，无法前进，不仅拖延整体项目的进度，同时也会让自己陷入矛盾和挣扎中。

很多完美主义者还容易被别人的评价困住脚步,不敢行动。别人一句不经意的评价，很可能让他们浮想联翩：“他们为什么这么说，会不会是我哪里做得不对？”于是他们开始自我怀疑，停下脚步来反复检查自己哪里没做好、哪里需要改进，白白浪费很多时间。如果发现确实有些地方没有做好，就很容易产生挫败感，甚至让事情就此搁浅，一拖再拖。

完美主义，让你要么面对一个充满诱惑的任务而迟迟不敢下手，要么在过程中徘徊于一个点而无法前进，最终导致结果的拖延。其实世界上没有真正完全的准备，也没有真正完美的过程。比起一次就做到 100 分，先做到 80 分，再在 80 分的基础上不断进行优化完善，无疑是一个更加明智的选择。

那么，如何判断自己是否是完美主义者呢？下面有一个小测试送给你。如果下面测试有五点或以上正好符合你的情况，那你就是一名完美主义者。

（1）在工作的时候，别人说话或打岔时，注意力会被打乱，并且因此感到愠怒。

（2）在计划购物时，不想理睬促销员，而是去找一些你需要的信息，然后再作定夺。

（3）对那些随随便便的人感到非常厌恶，并且暗自批评他们对自己的生活太不负责。

（4）不停地想，某件事如果换另一种方式，也许更加理想。

（5）经常对自己或他人感到不满，因而经常挑剔自己所做的任何事或他人所做的任何事 .

（6）经常顾及别人的需求，而放弃自己的需求和机会。

（7）经常认为做任何事都是全力以赴的，却又常常希望自己能够再轻松些。

（8）常常心里计划今天该做什么，明天该做什么。

（9）经常对自己的服装或居室布置感到不满意，时常改动它们。

（10）不断地为别人没能一次就把事情做好，而亲自去重做这项工作。

第三章

你还需要知道的拖延症常识

善用拖延降低风险

草船借箭的故事，相信大家都非常熟悉。传统的解读都是围绕着诸葛亮的运筹帷幄与周瑜的小肚鸡肠。今天不妨从拖延症的角度，再来解读一下这个典故。首先，我们先来简单回顾一下草船借箭的过程。

三国初年，魏国兵临城下之际，周瑜提出让诸葛亮十天之内赶制出十万支箭。诸葛亮一听：十天，这不是侮辱人吗？三天，我只要三天，就能赶制出十万支箭。周瑜一听，非常高兴，心想：诸葛匹夫真是不顾天高，不妨给他下个军令状，到时他完成不了，我不仅可以羞辱他一番，还能正大光明地除去这个心头刺。接下来的故事，相信大家都知道了。

第一天，诸葛亮没有任何动静。第二天，诸葛亮还是没有什么动静。

站在周瑜的角度去看，诸葛匹夫绝对是一个重度拖延症患者。战争已经火烧眉毛了，前线的战士们急等这十万支箭用，诸葛匹夫竟然还没有开始行动："拖延误国啊！"

不过这时，周瑜可能还来不及想到这点，他应该在盘算以什么样的方式杀掉诸葛亮比较好。想到这些，周瑜估计还有点小兴奋。

而站在诸葛亮的角度来看，现在无论做什么都是无用功。因为事情成功的一个必要条件还不具备，那就是东风。现在贸然行动，不仅成功的希望不大，还可能提前暴露战略意图，让曹魏提前有了准备。此时，真可谓"宜静不宜动"。

果然，第三天，东风来了，诸葛亮带领一批小船，轻轻松松从敌方"借"来十万支箭。

在之前的章节，我提到，职场中的大部分任务都可以简单分为简单任务、复杂任务和错综复杂的任务这三类。对于简单的任务，我们可以很轻松地找到突破口和方式去解决它。大部分的复杂任务都是“纸老虎”：看上去非常复杂，但只要梳理清楚逻辑关系，也可能快速地进行任务拆解，排好优先级，制定出合适的解决方案。

可不幸的是，我们接到的大部分任务都是类似于草船借箭这种错综复杂的任务，除了个人努力外，还需要团队协作，同时需要具备必要的客观条件。这正是古人所说的，一件事情要成功，需要天时、地利、人和，三者缺一不可。

面对错综复杂的项目，我们很可能遇到的一种场景是，虽然也没分析出哪里有问题，但就是总觉得哪里不对。这其实就是潜意识在给你发出警报——现在还不能行动。

这里衍生出一个小话题，很多职场新人不明白为什么很多企业在招聘时会那么看重工作经验。“工作内容，大部分都是我大学时期学过的，知识我都掌握了，为什么还会因为没有经验而不给我 Offer 呢？这些事情我又不是不会做。”一个刚毕业的同学跟我这样抱怨。这其实就涉及知识和经验的关系。

我们先来看看百度百科对于知识和经验的定义：“经验是由人生经历总结而来，实践是认识的来源，而经验只是认识的初级阶段，必须不断深化才能成为人生阅历；知识是人类对物质世界以及精神世界探索的结果总和，以及经验的系统固化。”

简单理解，经验更多是我们基于大量个人经历不断积累形成的思维洞察，可以让我们在潜移默化中形成对一件事请的认知。这是对认知的结构化沉淀和固化，可以帮助我们分析和解决问题。经验和知识，一个源于主观世界，一个源于客观世界；一个是个性化的、需要不断积累的，一个是普世化的、理论化的系统总结。

面对错综复杂的问题，已有的知识可以帮助我们对问题进行界定和拆解，帮助我们有针对性地制订应对方案。但是那些“不知道为什么，就是感觉哪里不对”的感觉，往往是涉及我们的知识盲区，可能无法准确找出问题，但我们经验形成的洞察又在给我们发出警告，让我们必须停下来，回顾整件事情的同时，拓展自己的知识面，以免陷入更大的风险中。

这时就需要把经验和知识结合起来，才能真正走出困局，真正解决那些错综复杂的问题。

工作经验之所以那么重要，是因为它能够帮助我们产生洞察，觉察到自己的知识盲区，让我们产生这种“也没发现什么问题，就是感觉哪里不对”的危机感，这对我们解决复杂问题非常关键。正因为它是如此关键，在日常工作和生活中就更不能忽视。

罗小胖刚进入职场的时候，工作热情非常高，只要是老板交代的任务，一向是保质保量、提前完成。因此，他也深得部门老板和前辈们的信任，直到有一天他接到一个看似简单的任务：发一封培训通知邮件，内容包括背景介绍、课程介绍、讲师介绍、培训时间及地点等信息。

老板交代完任务之后，转发了一个Excel表格给罗小胖："这是学员名单，把它放到附件中发出去。"罗小胖打开一看，里面不仅包括学员的基本信息，比如工号、司龄（在公司服务的年限、年龄、身份证号、职级）。虽然总感觉哪里不对，可罗小胖也没在意，按老板的要求，把表格附在邮件中发出去了。

有职场经验的人一定会预料到可能出现一些问题，事实上，问题比你想象的还要严重，罗小胖差点因此被开除。

这里有两方面的原因：表格中涉及太多员工的个人信息，在外企，员工非常在意个人隐私。最关键的是第二点，表格中涉及员工职级。而发邮件的时间点刚好是晋升季，很多员工正在为晋升名额而暗中较劲。邮件中的职级信息无疑是一颗大雷，在公司中炸开了花。

无数投诉邮件发到罗小胖与他老板的邮箱中，甚至有声音说这件事情的责任人应该被开除。那时的罗小胖恨不得给自己一巴掌："当时就觉得不对劲，为什么不再跟老板确认一下呢？"所幸这场风波很快过去，罗小胖也没有真的因为这件事被开除，但留下的教训是深刻的：宁可拖一时，也要把心里的问号解答清楚后再开始行动。

大到诸葛亮的草船借箭，小到罗小胖的通知邮件，我们发现，拖延并不总是坏事，甚至有些时候可以帮助我们避免更大的风险，但这里有两点需要强调。

第一，拖延，并不是什么都不做，而是需要收集更多的信息、做更多的准备，保证项目完成。就如诸葛亮前两天并不是什么都没做，而是在夜观天象、准备草船，如此才会有真正的"草船借箭"。

第二，需要重要经验洞察的警示。一旦有"哪里好像不对"的感觉，那代表真的可能是哪里出现了问题。这时不妨停下来，反复思考到底哪里出问题了，必要时还可以寻求别人的帮助。

巧用拖延激发创造力

在很多关于拖延症的书中都有提到达·芬奇，甚至有人认为达·芬奇的一生就是被拖延症毁掉的。有关达·芬奇拖延的故事非常多，经常被提及的有两个。一个是关于雕塑的，据说米兰达大公曾经让达·芬奇为自己创作一个雕塑。达·芬奇答应下来之后，创作到一半才发现自己对米兰达的马更感兴趣，于是把更多注意力放到马的研究上。于是他解剖了一匹真正的马，开始研究马的身体结构，越研究，发现越有意思，后面干脆写了一本关于马的书。至于米兰达大公的雕塑，早被达·芬奇抛诸脑后了。

另外一个关于文艺复兴时期绘画作品《蒙娜丽莎》的故事则更传奇。意大利富商贾孔多找到达·芬奇，希望他为自己的妻子画一幅画像,并答应会支付一大笔酬劳。这笔酬劳确实够高，达·芬奇接下这个任务，并立马投入到创作中。在创作的过程中，达·芬奇又开始不安分了，发现自己对光非常感兴趣，做了大量的实验去研究光线是如何照射球体的。断断续续，达·芬奇完成这幅画已经是四年之后。据说可怜的贾孔多最后也没有收到这幅画作，因为它最后被达·芬奇带到巴黎去了。

虽然有关达·芬奇拖延的故事很多，但这并不能否认他的伟大。达·芬奇与拉斐尔、米开朗基罗并称为意大利文艺复兴三杰，涉及的领域包括：绘画、音乐、建筑、数学、几何学、解剖学、生理学、动物学、植物学、天文学、气象学、地质学、地理学、物理学、光学、力学、发明、土木工程等，更神奇的是在这些看上去相去甚远的领域内，他都作出了杰出的贡献。

为什么一个严重的拖延症患者，还能取得这么大的成就呢？

美国组织心理学家亚当·格兰特在他的名作《离经叛道》中提到一个非常有趣的观点——拖延有利于创新。此外，美国组织心理学博士基哈尔·信进一步解释道："接到一个任务时，拖延可以让我们有时间进行发散性思维，帮助我们提出更多创造性解决方案。比如《蒙娜丽莎》之所以成为这么伟大的作品，与达·芬奇对于光影的研究和把握是密不可分的。对于马的解剖和研究，也让达·芬奇对于生物体的骨骼构建有更深入的认知，从而让他制作的雕塑更加生动而富有美感。"

格兰特有一个著名的演讲课题："有原创力的人都爱拖延"。在演讲中，格兰特讲述了一个年轻创业公司的故事。

曾经有几个年轻人找到格兰特说他们有一个非常好的创意，会颠覆整个行业，希望得到格兰特的投资。六个月很快过去了，三个年轻人的创业项目马上就开始运营了，可是他们连网站都还没有搭建好。当然，对于很多公司来讲，网站并没有那么重要。可是这家公司是做电子商务，是在网上卖东西的啊！网站几乎就是他们的全部了。

看到这样一个故事，相信很多人的第一反应和我一样：这是一群不靠谱、重度拖延的创业者，他们的项目不可能成功。但事实上，他们的项目非常成功，估值早已超过10亿美金。格兰特复盘时说他之所以会错过这家公司，是因为迈出第一步太慢了。

第一步迈出得太慢，这不是所有拖延症患者共同的病症吗？不是其他人批评拖延症患者的一个证据吗？在潜意识中，我们认为一旦有了好的想法，就应该立马付诸行动，只有这样才能快速取得成功。于是无论在校园还是职场中，我们都鼓励这样的行为，鼓励快速行动、鼓励强大的执行力。时间如此宝贵，一刻也不能浪费，于是，立马行动后的结果是把一个个有创意的想法变成一个个非常无聊的任务；把一个有无限想象空间的愿景变成一个非常平庸的结果。

格兰特做过一项有趣的实验，把一批受测者分为三个小组去完成一项商业创意任务。一批人被要求立刻开始任务；另外一批人则被强制要求拖延，需要在电脑前玩5—10分钟的扫雷游戏。结果呢？立马开始行动的人都按时完成了任务，可结果只能是勉强可以接受，谈不上什么创意。令人意外的是，另外一批被强制要求拖延的人，他们的创造力要比立马开始行动的人高出 15%。

但你千万不要误会，这与“Deadline 是第一生产力”并没有什么关系。事实上，在实验中，格兰特发现中度拖延的人才真正具有创造力，那些必须要拖到最后一刻才开始行动的人，只是白白浪费了大量时间而已。

为什么被要求拖延的人更有创造力，是因为扫雷游戏吗？也许是吧，但更重要的是拖延让他们有更多的时间进行发散性思维，激发更多的创意。正如格兰特所说：“当你知道将要完成一个任务，尽管你在拖延，但任务的想法还活跃在你的脑海里，这时就会激发更多的创意。”

事实上，本书中的很多章节，我只是写个开头就停下来了。之前做好计划今天要完成它，于是，我收集了很多材料，列好大纲，点了一杯咖啡，戴上耳机，信心满满。可刚写完就发现自己实在写不下去，之前一直在心中酝酿很久的故事，突然不知道应该怎样把更有趣的部分讲述出来；已经反复推敲过的论点，出现了一个怎么都无法修复的漏洞。

这时，我应该怎么办呢？是要勉为其难，强迫自己去完成自己都不太满意的章节，还是停下来 10 分钟，看一集动漫《海贼王》或是到小区后面的河边吹吹风？从一片喧嚣、嘈杂中逃离出来，让自己放松的同时，新的灵感也就会不断浮现。如果还没有灵感，也没关系，我就多停下来几天，甚至一周，先去完成那些更“轻松”的部分吧。

因此，在做一个项目时，如果一时找不到更好的解决办法，或是创意顿时枯竭，不妨有意识地稍微拖延一下，做一些能让自己更放松的事情来分散一下注意力。不要担心自己什么都没做，让大脑发散性思考，将产生更多更丰富的化学反应。当你再次回到项目中时，也许会发现自己已经充满灵感和创意。

“死磕”是一种选择，但有意识地拖延也是让工作呈现更高质量的一种方式。

让别人带你走出拖延的泥潭

入职一家新公司后，罗小胖的部门领导语重心长地对他说：“你刚加入部门，大家对你还不了解，这个时候打一场漂亮仗以证明自己的能力，非常重要。”说得很有道理，不过如果你有丰富的职场经验的话，一定知道这只是领导的套路。

“现在刚好有一个好的项目，真的很难。不过我相信，以你的能力，肯定能很好地完成这个任务。我挺看好你的，加油！”领导终于暴露了他的真实面目。

接到这个任务之后，罗小胖既激动又很有压力。激动是这个项目正是自己一直想做的，也是他要加入这家公司的原因。一旦做成，不仅可以在公司内部树立起自己的权威，对自己未来的职业发展也有很大的帮助。

压力是因为他根本没想到“惊喜”竟然来得这么快，可能是出于还没做好准备的焦虑。首先，这是一个公司级的项目，不仅仅涉及罗小胖所在的部门，还要调动其他部门的资源，需要其他部门全力配合；其次，这个项目会涉及一些核心人员的岗位变动；最后，这个项目还需要非常强的专业能力和项目管理能力。

最后一条，罗小胖还是很有信心的。前两条却让他忧心忡忡：人生地不熟，怎么能调得动其他部门的资源呢？这些核心岗位人员，哪些可以动，哪些不可以动？

接到任务之后，这两个问题一直困扰着罗小胖。可领导不管这么多，任务交给你，你就要去完成。罗小胖只好硬着头皮去约其他部门的人详聊。作为新人，可想而知，会吃到不少闭门羹：要么被直接拒绝，要么被套路（也不拒绝，但也不配合）。

罗小胖越聊越灰心，越聊越没自信，到最后干脆停下来了，因为他也不知道该怎么办。眼看时间一天天过去，罗小胖心里越来越着急。在这个过程中，他也想过向部门同事、老板求助。

“但那样，不就显得自己很无能吗？”罗小胖说。事情就一直被拖着，直到老板发现项目毫无进展，才忍不住把罗小胖叫到会议室谈话。

你千万不要嘲笑罗小胖，因为肯定不只是他一个人这样。大量拖延症患者并不是自己不想努力，或是没有能力把事情做好，而是他们总是羞于向其他人求助，把自己困在沼泽地中，动弹不得。

简·博克和莱诺拉·袁认为拖延症患者都有一个共同的特征：“他们不仅在做事情的时候拖延，在求助这件事上往往更容易拖延。不到最后一刻，他们往往会羞于向别人求助……当他们被困住的时候，就像在笼子里一样徘徊。他们对自己非常厌恶，甚至不想跟其他任何人交谈，更不用说求职了。”

确实，在我们接受的传统教育中，独立被看成一个人强大的标志，求助则被看成一个人“无能”的表现，甚至被很多人认为是“低声下气、卑躬屈膝”的表现。可只要留心，就会发现时代真的已经变了。在求职时，你是否在职位要求中经常看到这样的描述：能充分调动、整合资源完成挑战性的任务。

这又是为什么呢？

在工业时代，每个人都是流水线上的螺丝钉，只要完成自己本职的工作即可。唯有在工作出现问题的时候，才有可能与上下游产生互动。然而在互联网的加持下，现代职场与工业时代已经有天壤之别。正如斯坦利·麦克里斯特尔在《赋能：打造应对不确定性的敏捷团队》一书中提到，现代社会是一个网状结构，我们每个人都是上面的一个节点。无论是否愿意，你都不得不与其他节点发生关系。这种背景下，很多事情的推动，已经不再是一个人的事情。这种背景下，协作甚至被认为是人的核心竞争力。

在当今职场，非职权影响力是一个非常流行的概念。传统意义上，我们认为只有权力，才能去影响别人、调动别人。但非职权影响力强调的是如何在没有上下级关系的情况下去影响别人（包括同级，甚至上级），帮助自己完成工作任务。

有效求助，即通过请求别人支持来帮助自己采取行动，就是一种尤为关键的非职权影响力，甚至可以说是很多人必须具备的职场技能。拖延症患者之所以会拒绝求助，或一定要拖延到最后一刻才寻求帮助，除了传统教育理念的影响外，还可能是缺少求助的方法。

求助还有方法？当然！

1. 把自己的困惑讲出来

很多事情之所以会陷入困境，推动不下去，并不是能力的问题，很可能是因为你陷入某一个思维循环中，走不出来。这时，其实你并不需要别人的帮助，只需要一个倾听者，一个真正了解你处境的倾听者，把你的故事讲给他听吧。

需要提醒的是，这里你只需要讲清楚事实，不要添加任何情绪的成分，没有人愿意成为你负面情绪的垃圾桶。他能给你建议更好，即使不能，你也可以在讲述的过程中产生新的灵感。

2. 找对人

一旦你察觉到自己需要帮助的时候，找到对的人就显得尤为关键。对的人，一般会具备四个方面的特征：你真正信任他；了解并理解你的处境；有意愿且具备给你提供帮助的能力；足够客观。

当我们陷入困局时，会把看到的每一个人当成最后一根救命稻草，像一只无头苍蝇一样到处征求别人的意见。在这种情况下，我们得到的大部分建议都是没有意义的，反而会把事情搞得更糟。

3. 广结善缘

没有人会否认人脉的重要性，就像没有人会否认建立人脉的难度一样。可人脉的建立不是朝夕就能达成的事情，而是需要日积月累的沉淀，需要长期的培养和维护。

我一直不太相信的一句话是“职场没有真正的朋友”。进入职场，你和对面同事相处的时间可能比你的伴侣还要长。以朋友的心态、职业的姿势和同事相处，即使有一天你离开了这家公司，也会发现曾经的同事才是你最优质的人脉。殊不知，现在职场最高效的求职方式就是前同事推荐。

对了，罗小胖现在还被老板关在会议室面谈呢。老板听完罗小胖的描述，用两个小时就把困惑罗小胖几个星期的问题解决掉了：带着罗小胖拜访了各个部门；介绍公司的现状以及各个核心人员的背景信息，以及可能的切入点。然后，问了罗小胖一个问题：“你为什么不先来找我？”

再也不要因为羞于求助而让自己一拖再拖了，在职场中，求助并不可耻，总是能有效寻求到别人的帮助甚至可能会成为你的核心能力。千万不要因为拒绝求助而让宝贵的时间白白浪费掉，那才是真的可惜。

拒绝炸药般的负面情绪

如果问职场中什么样的事情更能够引起大家的共鸣、最容易让你与其他人有共同话题，那一定是负面情绪。现代工作和生活的节奏如此之快，每个人都不可避免要面临竞争和压力。这种情况下，很多人的情绪都处在极度不稳定的状态，仿佛是一个行走的炸药桶，不经意间就会被点燃。

其实，负面情绪本身并不可怕，就像放松、开心、激动一样，只是人们对周边环境的一种本能反应。负面情绪的真正可怕之处是它的传染性。

本是为了放松而去看一场电影，结果却被电影中的悲伤氛围感染得泪流满面，甚至可能久久无法从这种情绪中走出来。虽然你明知道电影情节是虚构的，跟你毫无关系，但还是忍不住悲伤了一下。

你满怀期待地走到办公室准备开始一天的工作，突然听到身边的同事抱怨："房价又涨了，北京真不适合年轻人待。"想到自己年过三十，依然没有女朋友，也没有属于自己的房子，你顿时变得很沮丧——感觉自己真是一个生活的 Loser。

一整天的好心情，就被同事的一个负面情绪破坏了。如果我们不能合理处理负面情绪，就无法逃离负面情绪的怪圈，也就无法走出拖延的魔咒。很多心理学研究表明，负面情绪例如焦虑、恐惧等是导致拖延的重要原因。“消极情绪和拖延是一对畸形的寄生虫。”

罗小胖的同事山姆被老板安排了一个新的任务后，就有点担心，感觉自己可能无法胜任。正感到压力山大时，一个部门的老手便悠悠地走过来说：“我跟你讲，这个任务就是个坑。之前做这个工作的人，现在都离职了，你自己可要当心。”说者不知道有没有心，但听者一定有意！山姆立马不淡定了：这么多人都没搞定的事情，我岂不是更搞不定？越想越乱，越想压力越大，越想越不想做，事情也就这样被拖下去了。

这个任务真的那么难，以至于自己无法完成吗？其他几位员工的离职果真与这个工作有关？山姆并没有真正深入去做调研。

我们设想，这时有另外一个同事过来拍拍山姆的肩膀说：“加油！你是可以的，有什么困难或需要帮助的尽管说。”山姆是否就会恢复信心，而不是一拖再拖了呢？

想要戒掉拖延症，要先让自己摆脱负面情绪，同时营造积极的情绪，给自己正面的心理暗示。

1. 远离充满负能量的人

在职场中，到处都是负能量满满的人。他们总是在吐槽，在抱怨生活、工作，却提不出什么有建设性的解决方案。和他们相处，你积极的心态会被他们视作异类。“就 ×× 最积极”“还不是为了拍老板马屁”之类的话，他们总是脱口而出。你的一点点负面情绪，若受他们影响，可能将被无限放大，如说些“就说这样不行啦”“公司就给这么多钱，干嘛要那么努力”等讽刺的话语。这种人除了让你的人生更糟糕之外，起不到任何作用，还是远离为好。

2. 及时发泄负面情绪

心理学家 Leon F. Seltzer 博士认为，应对负面情绪的最佳方式就是发泄出来。如果你被一件事搞得焦头烂额，一拖再拖，不知道如何下手，同时对任何其他事情都提不起精神时，一定要找一个自己喜欢的方式将这种情绪发泄出来。

发泄的方式有很多种，最常见的是找一个自己信任的朋友倾诉。不过我更建议你把它写出来。写作是自我对话的过程，当你站在上帝的视角重新审视这件事情时，就会发现那些被你遗漏掉的细节，帮你解答萦绕于心的困惑，寻找到解决问题的灵感。

3. 寻找生活中积极的意义

“寻找生活中的积极意义”，不仅仅是一句鸡汤口号，更是一种思维方式，无论在工作还是生活中，我们都需要。比如定期复盘自己的工作，让成长有迹可循；每个季度给自己一个旅游放松的奖励，去发现和感受大自然的美好。有句话说得好，人生不只眼前的苟且，还有诗和远方的田野。

此外，我们还要学会给自己积极的心理暗示，不妨用“这都不是事”代替“怎么这么多麻烦”，用“我肯定可以的”代替“我从来没有做过”。积极的心理暗示是一种习惯，一旦养成，将终生受益。

在这个充满负面情绪的时代，希望每一个人都能真正做到“出淤泥而不染”。不扩散负面情绪，同时避免负面情绪带来的影响，以积极的心态应对人生，不给拖延任何借口，也是我们彻底戒掉拖延症的必经之路。

第四章

目标管理：打造强大的执行力

学会运用SMART原则

对于拖延症患者来说，目标是一个既让人兴奋却又带来无数烦恼的东西。兴奋，是因为我们都曾被一句话“点燃”过——梦想还是要有的，万一实现了呢？烦恼是因为我们曾定下来那么多的目标，结果发现甚少能够达成，即使少数几个能达成，过程中也会经历很多痛苦的挣扎。

因此，在职场经常会听到这样一句话：“目标是为了看的，不是为了完成。”姑且不论这种职场价值观是否可取，我们先看看自己是否对目标存在一些误解吧。

首先，目标的重要性毋庸置疑。关于目标管理的重要性，哈佛大学曾挑选一批大学生，并跟踪他们做了一个为期 30 年的社会实验，进而分析目标是如何影响和改变一个人的。

在介绍这个实验之前，请你先思考一下下表左边一栏的四个问题，并把自己的答案写在右边一栏的空格内。

表三：目标测试表

目标	你的回答
1.你有没有人生目标?	
2.你的目标足够清晰明确，还是模模糊糊、没有那么明确（明确的，如我想要成为千万富翁，在一线城市买房；模糊的，如我想要成为富人）?	
3.你有没有短期目标? 短期目标是清晰还是模糊?	
4.你有没有长期目标? 长期目标是清晰还是模糊?	

按照这四个维度，哈佛大学研究人员将调研的这批大学生分为四类，他们在调查总人数中的比例分别是：

第一类：没有人生目标，占调查总人数的 27%。

第二类：有目标，但目标模糊，占调查总人数的 60%。

第三类：有短期目标，而且短期目标清晰，占调查总人数的 10%。

第四类：有长期目标，且长期目标清晰，这部分人只占 3%。

就如我们很多普通人一样，这群大学生中的大部分人都没有明确的人生目标，甚至只有 10% 和 3% 的人有明确的短期和长期目标。这四类人，在其后面的人生发展轨迹又有什么不一样呢？

研究人员继续对这四类群体跟踪调研，尝试揭示目标与个人发展之间的管理。30 年后，结果出来了：

第一类人（无目标者）：几乎都生活在社会最底层，在失败的阴影中挣扎。

第二类人（目标模糊者）：基本生活在社会中下层，整日为生存而疲于奔命。

第三类人（短期目标清晰者）：大多成了白领阶层，生活在社会中上层。

第四类人（长期目标清晰者）：他们目标清晰，而且勇于坚持、奋斗，积极进取，百折不挠，最终成为富翁、行业领袖、精英人物。

这个结果，在意料之外，又在情理之中。短期内，我们很难感受到目标的意义，但把时间拉到足够长的维度，就能看到目标对一个人的深远影响。

有些人每天都浑浑噩噩地过着，没有目标，也没有方向，焦虑、抱怨甚至会怀疑人生的意义；有些人却朝着一个个目标稳步扎实地前进，虽然可能走得并不快，却能处处感受人生的“小确幸”（指微小而确实的幸福，来自村上春树的随笔）。

当接到这本书的约稿任务时，我的心情非常激动，想着终于可以一展多年积累的文字功底，赶紧打开电脑的 Xmind（一种思维导图工具），快速梳理出这本书的大纲，然后立马去微信朋友圈立了个 Flag——闭关写书，请勿打扰。

于是，我每天一下班回到家里，都提醒自己要写稿了，赶紧忙完手上的家务活就埋头写作；周末朋友约我出去吃饭聚会，我也不忘提醒自己要先写稿再出去耍，以免在外玩疯了，回家后又犯起“懒癌”。不知不觉，半个月倏然过去了，我发现创作进度并没有太大的进展，更多时候是打开电脑，很快就又合上，心里明明有很多写作思路，却不知道如何表达出来才合适。结果是什么都没做，心里却很疲惫。

罗小胖的职业梦想是三年当经理、五年当总监。然而罗小胖现在还只是个专员，如何晋升主管，再到经理，最后到总监，他心里也没谱，更不知道如何做。这时，目标就变成一时冲动之后的“表决心”。

我细细分析，发现自己定的这个目标，和罗小胖犯了一个同样的错误——目标太过宏观，以至于无从下手。

例如，我连一页稿子都还没开始写，就把目标定义为“写完一本书”，可是从哪里开始写才好？各个章节之间的关系是什么样的？可能会用到哪些素材？在这些都没有想清楚的情况下，就烦恼于“写完一本书”，难怪我一开始会抱怨写书这么难。

我不得不往深层次去思考，其实是不是“写完一本书”这个目标本身就不是一个好目标，不但没有为我指明努力的方向，甚至成了我写作进程中的一个阻碍。于是我试着切换一个思路去定目标：不妨每次只关注一个话题去思考，把它作为小目标先完成，其他都暂不考虑。

比如我给自己的目标是先看两本关于拖延症的专业书籍。在接下来的一个星期内，我完全不考虑写作的事情，只是专心把挑选出来的两本书仔细阅读完，看透它、吃透它。做好读书笔记，丰富自己的专业知识之余，优化之前确定的大纲，然后才开始动笔。

在写作的过程中，我每次也只给自己一个小目标——每周末需要完成一个大章，每天下班后完成一个小节。在每次把目标设定为更加看得着、摸得着的点后，我发现确实更具指导意义和可行性，写作效率在不断提升，想要表述的内容能通过清晰完整的思路圆满呈现出来，让我每天都充满成就感。

从“写一本书”到“完成一个章节”，为什么后一个目标会比前一个更好实现，甚至更容易做到？

相信很多专业读者的脑海中会浮现出一个关键词——SMART原则。关于目标设定，职场中有一个常用的说法：“无SMART，不目标。”

目标设定的SMART原则是由著名管理学家彼得·德鲁克提出的，五个字母分别代表了目标设定的五个关键要素。

S（Specific），目标必须是明确、具体的。

M（Measurable），目标的结果必须是可衡量的。

A（Attainable），设定的目标应该是可达到的。

R（Relevant），目标的设定要与其他目标有一定的关系。

T（Time-bound），目标的达成应该有明确的截止日期。

执行力是每个职场人都应该具备的能力。提高执行力，则要做到不再拖延；戒掉拖延症，需要我们对目标充分理解，并持之以恒。要提高职场执行力，我认为应做好两个方面的工作：一方面要有基础的专业知识积累，为每一步计划的实施打好基础；另一方面要熟练运用SMART原则，从不同的角度去看待工作中的问题。下面一起用几个例子来看下，在SMART原则下我们经常会犯的一些错误吧。

1.Specific，明确性

即我们必须能够用明晰的语言表达清楚要达成的标准和结果是什么。明确的目标几乎是所有职场达人的一致特点，很多职场人不成功的重要原因之一就是由于职业目标定得模棱两可，或没有将目标有效传达给相关成员。为什么说“写完一本书”这个目标不够好呢，就是对于结果的描述过于宽泛，不够聚焦和明确，对现实的指导意义也不够强，所以很难实现。

“一本书”看上去很明确，可一本书包含哪些内容，设置多少个章节，写到什么程度才算写完等，这些概念都是模糊的。就算设定了目标，依然很难下手。一旦把目标调整为完成某个具体章节的某一部分内容，把颗粒度尽量细化，这时的目标才能从真正意义上指导我们的行为。

因此，目标设定最好要有具体项目、衡量标准、达成措施、完成期限及具体要求，以及计划完成到什么样的程度。

比如很多职场小白在年初设定年度目标的时候，经常会有一个目标是多去健身房运动，保持身体健康。这也是非常不明确的目标。什么叫“多”，一周去三次还是五次？如果把这个目标设定为：每周最少运动三次，每次最少 30 分钟。是不是更具指导意义和可行性？

2.Measurable，可衡量

目标结果的达成程度应该是可衡量的，最好是明确的数字。一旦目标的达成程度不好衡量，我们就无法判断目标是否实现。

关于目标达成的可衡量这个指标，彼得·德鲁克建议我们可从数量、质量、成本、时间、上级或客户的满意程度这五个方面来确定。就如上述“要多去健身房运动，保持身体健康”的目标在这里也出现了不可衡量的问题。

如果终极目标是健康，那如何定义“健康”呢？是体重降低了，还是体脂含量降低了？还是说要练出六块腹肌才算健康？把这个目标改为“每周最少运动 3 次，每次最少 30 分钟，至年底减重最少 15 斤”后，你会发现，每个月都可以回头检查目标达成的情况，提醒自己不要松懈，坚持运动。

3.Attainable，可实现

设定的目标应该是可以实现的，即有一定的可行性，可行性是指你所设定的目标要在你的能力范围内所能达到的。对于目标，职场中一直有这么一个说法：越有可行性的目标，越能推动人们实现；越有挑战性的目标，越能激励人们行动。于是就有人开始立更多的Flag，我们经常可以看到以下类似的目标：

（1）每天跑步五分钟。

（2）每天读一本书。

（3）减重50斤。

这样的目标看上去很“燃”（励志），然而并没有用。总有一些书是一天读不完的，也总有那么一天你会因为这样那样的原因无法运动，更别说减肥50斤了，这个目标对于大部分人来讲都在挑战生理极限……

目标一旦被认为是达不成的，就很容易让人产生放弃的念头：不是我不努力，是这个目标太难达成。对于目标达成的畏惧，反过来也会浇灭我们定目标时的雄心壮志。

所以设定目标的时候，有一句俗话说得很好：我们要定那种“摘桃”的目标，千万别定“摘星星”的目标，因为摘星星这件事只存在于童话中。

4.Relevant，相关性

这个词理解起来可能会有点抽象，包含两层含义：（1）要理清楚在生活中各个目标之间的逻辑关系；（2）要理清楚小目标和大目标之间的逻辑关系。

目标有大有小，正如我们有年度目标，也有月度目标。从相关性的角度来看，月度目标应该能支撑年度目标的达成。如果你的年度目标是为了提升自己银行卡里面的存款，那你在买、买、买的时候，也许需要三思而后行。

从另一个维度来看，目标之间的逻辑关系也要先弄清楚。我经常会看到一些同学把自己的时间安排得满满的，每天一小时读书、两小时看剧、一小时健身……结果算下来，可能一天要 25 个小时才够用。这是因为在设定目标时，同学们并没有先思考这些目标之间的逻辑性，以致无法具体实现。

5.Time–bound，时限性

T 为时限，明确目标最终完成的时间限制，并加以规划，达到高效率完成。这个词里面也有两个关键要点：（1）要有明确的截止日期；（2）要有明确的节点。

有明确的截止日期，大概是最直白，也最好了解的，但也是最容易被忽略的。时间是衡量目标实现进度最好的标尺，没有截止日期，也就无法对进度进行衡量。

另外一个是要有明确的节点，比如什么时候启动、什么时候做阶段性的检查等。想象一下，你是不是也有类似经历：想做一件事，但由于各种各样的原因而一直拖延，迟迟没有启动，最后彻底忘记这件事，哪怕这件事可能是非常重要的。

很多目标都不是一蹴而就的，需要经历很长时间、很多环节才能达成。定期检查不仅能够帮助我们检查目标是否在按计划推进，还能帮助我们检查进度是否偏离了最终的目标，以便及时调整。

别再埋怨“怎么干活的总是我，涨薪升职却轮不到我”了，那是因为你不会设定目标，更不懂设定好的目标。干得多、干得久，不如干得巧！SMART 原则，是一个我们可能听过但未必理解、理解但又未必会实际使用的职场工具，只有在职场中学会灵活使用 SMART 原则，才能从本质上实现高效率工作。

很多人并不是没有梦想，而是缺乏实现梦想的勇气和技巧。有目标只是你进入职场的第一步，接下来对任务目标的具体实现才是重点——分解目标并形成计划，利用 SMART 原则坚持执行下去。

目标设定讲究可操作性

在上一节中，我们介绍了目标制定的 SMART 原则，关注的是目标设定的合理性。除此之外，美国心理学家简·博克还针对目标提出了一个非常有趣的概念——目标的可操作性。他认为，目标能否达成，第一步非常关键，这能帮助我们看清楚未来的方向。因此，当我们想要达成一个目标时，可以从以下几个维度去评估目标是否具有可操作性：具有可观察性；具有具体性；具有可拆解性；具有时间性。

接下来，一起来看看如何通过可操作性评估来设定一个好目标吧。

1. 可观察性

任何目标的达成，都需要有可被观察到的行为支持。

很多时候，我们设定了一个目标，但迟迟没有行动，并不一定说目标不科学或不好，而是我们的目标不具备可观察性。简·博克建议广大拖延症患者幻想有一个摄像头在时时刻刻记录你的行为，并试着想象一下，等到目标达成那一天，你希望摄像头记录下你达成目标的行为是什么。

比如，罗小胖给自己定了一个目标——希望 2019 年能够存够 10 万元。

这是一个好目标吗？有些人认为这是一个好目标，因为它足够具体。可从可观察性的角度来看，它算不上一个好目标，因为它没有明确目标达成需要的行为是什么，如是一次性存入

10 万元，还是半年存入 5 万元？还是每个月存 8300 元？一旦行为不能被明确下来，我们就很容易掉进拖延的怪圈。

这个月是存不了了，下个月多存一些吧……就这样一拖再拖，到年底可能什么都存不了。

具有可观察性的目标应该这样设定：每个月最后一天存入 8300 元。这样你会发现，摄像机会记录下每个月最后一天你存入 8300 元那一刻的行为。你会清晰地知道，为了实现目标，你每个月应该如何做收支计划。

愿望和目标的区别,在于目标是一个可以被观察到的行为。一旦缺乏可被观察到的行为，目标很容易变成一个无济于事的“生命”，虽然存在着，可是没有价值。

2. 具体性

很多时候，我们设定的目标是模糊的。简·博克举了一个我们身边非常常见的例子——“我要重新规划自己的生活。”相信很多人都会有类似的目标。看上去信誓旦旦，但实际上要怎么做，却没有什么方向和计划，结果是“阶段性斗志昂扬，持续性混吃等死”。

因此，我们在设定目标时，一定要让目标能够尽量具体。如果目标实在太大而无法具体化，那就把大目标拆解为具体的小目标。回到“我要重新规划自己的生活”这个目标，不妨把这个目标拆解为：

（1）我要重新整理下房间，丢掉不用的垃圾。

（2）我要写一份简历，换一份新的工作。

一旦目标足够具体，就不用担心自己没有方向，不知道如何开始了。

3. 可拆解性

目标的设定，应该可以被分解为几个步骤。任何目标的达成都不是一蹴而就的，需要一步步来。上一段内容中提到，大目标应该被拆解成一个个具体的小目标。这里面有几个方面的原因。

（1）大目标被拆解为小目标，能为我们手头上的工作指明方向。

（2）相对于大目标，小目标往往更生动和清晰，阶段性的胜利也更能增强我们的信心。

（3）很多时候，我们会低估目标的复杂程度而导致拖延。及时进行目标拆解，能够让我们清楚知道应该按照什么节奏去推进。

4. 时间性

目标的时间性，指每一个步骤都可以在 5 分钟内完成。有时候，把大目标拆解为小目标还不够，我们还需要把小目标拆解为一个 5 分钟就能完成的任务。俗话说："好的开始是成功的一半。"当我们带着哪怕只是很小的成就感开始新目标的征程时，也能更加积极地应对未来的困难和挑战。

简·博克从另外一个角度帮助我们理解什么是好目标：不仅仅要具备 SMART 原则的五要素，还要看看这个目标是否具备可操作性。一旦目标不具备可操作性，就没有办法明确知道达成目标的行为是什么，你也不太清楚应该如何下手，可能会低估目标的复杂性而推迟行动，导致拖延。

还记得你刚刚定下的那个目标吗？不妨再从可操作性这方面，对你的目标进行优化吧。

表四：目标可操作性表

目标可操作性	
目标描述	**具体描述**
1.可观察到的行为是什么？	
2.具体指标是什么？	
3.可被拆解为几个步骤？	
4.可以在 5 分钟内完成的行动是什么？	

设定项目达成的Roadmap

“目标不是为了挂在墙上看的，而是为了指导行为的。”因此，设定完一个好目标还远远不够，我们还需要关注目标是如何被达成的。在这里，我想先引入一个概念——Roadmap。

“Roadmap”这个词经常被翻译成“路线图”或“蓝图”，是互联网产品经理最常用到的。在产品经理眼中，Roadmap 是对一个产品的中长期规划，也称为路标规划。有了 Roadmap，产品经理才会对自己的产品做到心中有数。

一般认为，Roadmap 应包含以下三方面的内容。

第一，时间周期：产品规划的时间区间。

第二，项目事件：指完成产品总体计划必须要完成的工作项。

第三，路标：指关键工作项完成的时间节点，也称里程碑。

看完产品经理 Roadmap 的三个关键要素，我突然意识到，好的目标同样需要一个 Roadmap。

在上一节，我们提到一个好的目标需要有明确的点、需要具备可操作性（可以拆解为可被观察到的行动）、可以被分解为几个步骤等，这都跟产品经理的 Roadmap 有异曲同工之妙，只是有一点被漏掉了，那就是项目事件。

在产品经理的 Roadmap 中，要明确产品总体计划中必须要完成的工作项是什么，这个可以用于直接指导我们日常工作中的行为，帮助我们查漏补缺，保证不会漏掉关键的行为。但在目标管理中，我们强调最终的目标应该是明确的，但对于达到目标需要的关键行为，却没有明确的说明。

对结果和执行路径都非常清晰的目标，例如罗小胖 2019 年要存 10 万元时，项目事件没有那么重要，我们只需要把目标拆解到每一个月就行了。但人生往往是复杂的，特别是在职场中，很多目标的执行路径并没有那么清晰，甚至很多时候需要其他人的配合才能完成。这时，如果没有明确的项目事件，我们很难做到心中有数。

比如罗小胖的一个好朋友山姆，去年就遇到这样一个难题。

山姆去年在客户服务部门任职，接到一个任务——三个月内把客户满意度从 88% 提升到 90%。确定目标后，山姆信心满满地启动了项目，可一个半月过去了，客户满意度依然没有得到提升。

经过调研，山姆发现原来除了客服人员的服务态度、专业度、个人形象之外，产品外包装的设计也会影响客户的满意度。山姆所在公司的产品外包装过于关注安全性，而忽略了用户体验，导致客户拿到产品之后要费尽九牛二虎之力才能打开。

这时，聪明如你一定会发现想要提升客户满意度，改善产品外包装一定是一个关键工作项。

即使目标再明确，可一旦漏掉了关键项，都会影响最终结果的达成。更何况改善产品外包装还会涉及其他部门，这就更应该体现了找出这个关键项，才能真正为目标达成的可行性作出科学判断。

Roadmap 听上去很“高大上”，但实际执行起来很简单，相信你一看就能明白：横轴是时间周期，纵轴是项目事件（必须完成的工作项），关键里程碑（路标）是五角星。

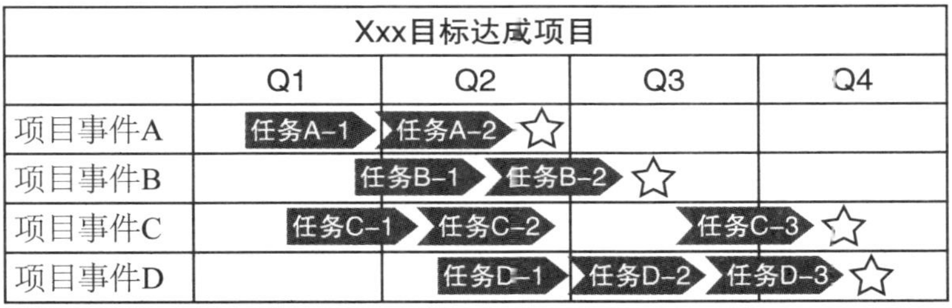

不过有两点需要加以说明。

第一，项目事件可以被拆解为几个任务，任务可以按先后顺序排列。

第二，时间周期下的任务，需要在同一行显示。

通过上面一张图，就能清晰知道达成目标需要做什么、有哪些关键时间点。因此，在每一个目标设定完成后，都应该附带一个完整的 roadmap，以帮助我们做到心中有数，把这个规划图了然于心，方能在项目实施过程中有迹可循，做到有条不紊。

让目标变成有挑战性的游戏

据不完全统计，截至 2017 年，“王者荣耀”（一款网络游戏，APP）注册用户已经达到 2 亿人，日活跃用户也达到 5000 万人，每天开局平均达 8000 万局，这意味着每七个中国人中，就有一个人在玩王者荣耀。庞大的用户基数，给腾讯每个月带来超过 30 亿的流水。

为什么网络游戏会有那么大的魔力，让这么多人沉溺其中而不可自拔？也许在某种程度上，游戏满足了人性中的某种诉求。除了一味吐槽游戏带来的危害，我们不妨看看如何把游戏设计中的一些特点应用到生活。

著名未来学家简・麦戈尼格尔在《游戏改变世界》一书中

提出了一个很有意思的观点：“现实世界应该模仿游戏，游戏中对于团队的重视、极强的目标感与使命感、激励带来的成就感，都是现实世界中应该学习的。”

下面，我们来看看游戏对目标管理有什么启发吧。

某种意义上，追求目标的过程和打游戏一样，你需要去完成一个个的小关卡，然后击败最终的大“Boss”，成为“王者”。但不同的是，我们玩游戏是经常沉溺其中，不可自拔，屡战屡败，还能屡败屡战，奋战到天明。

目标看上去更诱人、更有挑战性，甚至还能给我们带来实实在在的好处，比如帮助我们存更多钱，在职场上有更大的发展，甚至能直接提升我们的幸福感，但我们依然很难坚持到最后，这是为什么呢？

1. 有仪式感的自我奖励很重要

就如游戏中，每当我们完成一个小的任务，都会得到一些奖励一样，在目标实现的过程中，也可以试着给自己一些有仪式感的奖励。

还记得罗小胖有一个目标是年底要存到10万元吗？想要多存钱，就意味着平时需要节流，那些想买的东西不能买，想去参加的局不能去，看上去幸福感会下降很多。

“何必难为自己呢”“人生苦短，该买买，该吃吃”，这些声音不断诱惑着你，然后存款计划就这么无疾而终了。这些话听上去没什么毛病，事实上，人生的幸福感不仅仅与欲望满足有关，更与仪式感有关。

很多时候，仪式感能带来更多的幸福感。相关研究表明，仪式感可以帮助我们建立对未来的期待，从而提升生活的幸福感。

我曾建议罗小胖设定一个简单的规则：每当存够 40000 元，就取出其中的 1000 元去买自己一直想买但没有买的东西。这时，存款就变成一个类似打游戏的事情。只要完成 40000 元的存款任务，就能获得 10000 元的奖励。这时，10000 元就成了我们生活中一个小期待。期待满足带来的幸福感，要远远超过平时的一些消费。

另外，仪式感本身也能帮助我们更好地坚持某一件事。人都需要仪式感来完成某种心理暗示,暗示自己要更认真,更专注，作出改变，以做到我们在没有仪式感时做不到的事，或者把能做到的事做得更好。

2. 找到同行者

心理学相关研究表明，网络游戏在某种意义上可以强化与家人、朋友、同事之间的联系，可以让人不再感到孤独。比如很多人下班后经常跟同事组对玩游戏，每天边玩边交流经验心得。自己玩的同时，还会关注别人的等级情况，一旦自己的等级落后，可能还会觉得被同事鄙视。

不仅仅是王者荣耀，很多其他网络游戏，例如著名的“吃鸡游戏”——绝地求生，也非常强调社交的概念。这是因为人都是具有社会属性的，在一个群体当中，我们会更有安全感，也更能坚持下去。一旦你加入这个游戏，从某种程度上，你也就加入了一个圈子，并且很难抽身离开。

在目标设定时，我们也需要找到一个这样群体，相互激励，相互扶持，一起坚持下去。

例如运动对很多人来讲都是一件特别难以坚持的事情，很多人甚至连“三天打鱼，两天晒网”都很难做到。夏天快到来的时候，罗小胖所在部门的同事天天叫嚷着要运动减肥，可谁都没能坚持一周。后来有同事提议说：“不如我们来组个队吧。”

于是几个小伙伴一合计，“连我们都能瘦”减肥小组就正式成立了。就像很多社交游戏一栏，这个小组还设定了很详细的规则。

（1）目标：每人减重目前体重的5%

周期：60 天（自然日）；

关键岗位：CEO 一人、CFO 一人、COO 一位。

（2）奖惩机制

每人预存 2000 元给 CFO；每运动一次返还 50 元，30 次封顶；60 天测重，达成目标，返还 500 元；完不成目标，500 元被均分。

（3）过程管理

结伴运动，每次打卡（微信小程序）；阶段性汇报，每 15 天测一下体重并记录；相互分享运动知识、技巧。

60 天过后，虽然并不是每一个人都完成减重 5% 的目标，但至少每个人都坚持运动下来，并养成运动的习惯。这远比每个人单独行动更有效率。除了运动，加入阅读小组、理财小组等各种组织，找到通往目标道路上的同行者，可以帮助我们更好地坚持达成目标。

（4）降低自己的期望值，过程中需要一些弹性

仔细研究王者荣耀，你会发现游戏设计者在等级的设计上非常讲究，既没有太难，也没有太简单。太简单，大家会觉得无聊；太难，人家又很容易放弃。

因此游戏设计者在中间找到一种平衡，对玩家来说有一

些挑战性，但只要稍微勤加练习，就能达到下一等级，这样既能激发玩家的斗志，同时能享受阶段性胜利带来的快感，果然是妙！

然而，我们在给自己设定目标的时候，往往是想“搞”个大的，例如：

健身的目标：每天撸铁，一个月练出六块腹肌。

阅读的目标：每天阅读两个小时，每周读完一本书。

对比王者荣耀的设计，你会发现这样的目标都有一个共同点——期望太高、缺乏弹性。目标的达成应该是渐进的、阶段性的、有挑战性但是能达到的，否则目标会变成一种负担，而不是激励手段。

如果有一天身体不太舒服而不适合健身，或者工作太忙，确实没有时间读书，很可能你会为自己没有达成目标而懊悔、沮丧，甚至可能怀疑自己，然后安慰自己：“反正也达不到目标，算了吧！”

就这样把目标放弃，实在可惜。所以在目标实现的过程中，可以稍微降低一些自己的期望值，增加一些弹性，比如上述目标可以改为：

健身目标：每个月至少撸铁 20 次，每次至少 60 分钟。

阅读目标：每个月至少阅读 20 天，至少读完 4 本书。

这样的目标，会不会让你少些压力、多些动力呢？把人生设计成为“游戏模式”，不仅能让你的生活有更多乐趣，还能真正帮助你最终成为“荣耀王者”。

目标就是用来调整的

“目标就是为了用来调整的”，这句话听上去好像有点矛盾，目标不就是为了帮助我们找到方向吗？难道说在过程中还能改变目标？

“那是不是说，每当发现目标达成不了的时候，就把目标降低，以使自己的目标都能达成？”每当这个时候，罗小胖会显得特别鸡贼（北京方言，指小气、吝啬，也指特别能算计，暗藏私心的意思）。

不过这次罗小胖的话却有一定的道理。在设定目标时，我们往往无法预知过程中会发生什么。

还记得罗小胖的目标吗？ 2019 年年底有 10 万元存款。可罗小胖设定目标，并在不知道年中的时候，老板决定给罗小胖加薪 50%！从原来的 20000 元 / 月涨到 30000 元 / 月。上个月还在纠结 10 万元存款能不能达成的罗小胖，突然发现这个目标的实现有点太轻松了。

生活处处有惊喜，也处处有惊吓，客观环境的变化总是会对我们的目标有或好或坏的影响，从这个角度来讲，所谓的目标管理不是一锤子买卖，更像是一个过程，需要我们进行阶段性的调整和优化。

这么有哲理的话，当然不是我第一个提出来的。最早提出这个概念的是美国质量管理专家沃特・阿曼德・休哈特提出来的，并且由戴明采纳、宣传，推广普及，所以也被称为“戴明循环”。

戴明循环又被称为 PDCA 循环，是四个英文单词——Plan（计划）、Do（执行）、Check（检查）和 Action（处理）第一个字母的缩写。PDCA 循环是能使任何一项活动有效进行的一种合乎逻辑的工作程序，特别是在质量管理中得到了广泛的应用。

P（Plan）计划：基于目标制定的行动计划，可以理解为 Roadmap。同时，针对行动计划，还应制定相应的计划改善方案，以随时优化计划。

在制定进度改善措施时，要反复考虑并明确回答以下问题：

（1）为什么要制定这些措施（Why）？

（2）制定这些措施想要达到什么目的（What）？

（3）这些措施在哪个工序、哪个环节执行（Where）？

（4）在什么时候执行（When）？

（5）由谁去执行（Who）？

（6）怎么去落实这些措施的执行（How）？

D（Do）执行：设计方案，并根据方案执行和推进的过程。

C（Check）检查：阶段性进行检查，看事情是否在按计划进行。要总结执行计划的结果，分清哪些对了、哪些错了，明确效果，找出问题。

A（Action）处理：对检查过程中发现的问题及时处理，成功地保持并复制，对于失败的地方，及时调整和优化。注意，是对总结检查的结果进行处理，成功的经验加以肯定，并予以标准化，或制订作业指导书，便于以后工作中遵循；对于失败的教训也要总结，以免重现。对于没有解决的问题，应提到下一个 PDCA 循环中去解决。

以上四个步骤不是一次运行就结束的，而是要周而复始，一个循环结束，及时调整后开启第二个循环，不断向最终目标前进。

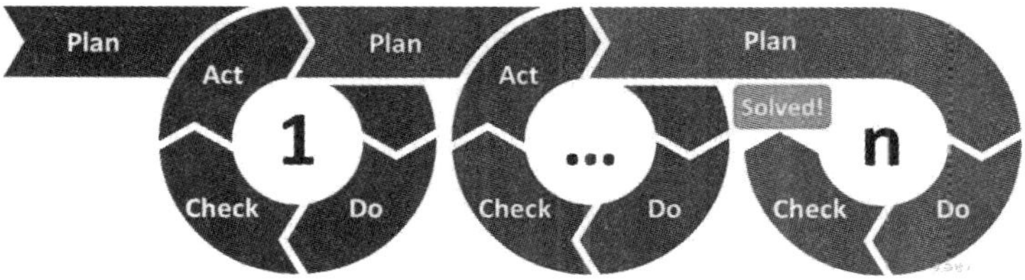

PDCA 循环

其实，罗小胖除了存钱，2019 年还有一个目标就是减肥。“2019 年，我一定要减重 20 斤！”年初的时候，罗小胖信誓旦旦地说。可要怎么做呢？罗小胖还没想清楚，那就用 PDCA 循环，帮他理一理这个目标吧。

1.P（Plan）计划

减肥这件事贵在坚持，不能一蹴而就。一年减重 20 斤，意味着每个月需要减重 1.6 斤才能达成目标（这样看下来，好像也没有那么难嘛）。

2.D（Do）执行

有了目标，接下来就要设计执行方案，并不断落地。

（1）每天晚饭时间不晚于晚上 8 点。

（2）每顿吃七分饱，多吃水果、蔬菜，少吃油炸食物和肥肉。

（3）每天运动至少 60 分钟。

（4）每晚 12 点之前睡觉。

3.C（Check）检查

每月检查一下，看阶段性目标是否达成，同时也关注执行情况是否合理。

4.A（Action）处理

根据阶段性目标达成的情况和执行落地的情况，及时进行优化和调整。

P（Plan）计划和 D（Do）执行，这两个环节应该好理解，C（Check）检查和 A（Action）处理环节，应该怎么落地呢？

举个例子吧。假如减肥计划进展一个月后，罗小胖发现自己确实瘦了 2 斤，阶段性目标完成了，当然很兴奋。同时他也发现了另外一个问题，由于运动量太大，导致自己过去一个月的精神状态不是很好，工作效率显著降低（Check 环节）。这时，罗小胖就应该及时调整自己的饮食和健身安排，比如在饮食中增加肉类的摄入比例，适当减少健身的强度，做到劳逸结合（Action 环节— Plan 环节）。

这就是说，我们从 C（Check）检查环节到 A（Action）环节，并再次进入 P（Plan）计划环节，就是进入了下一个 PDCA 循环。一个目标的达成，往往是由很多个 PDCA 小循环组成的。

需要说明的是，PDCA 循环的周期可长可短，长的可以是一年，短的也可以是一个月，甚至可以是每一天。关键是 Check 出来的问题，一定要及时 Action，并在下次 PCDA 循环的执行中进行调整和优化。

我们总以为拖延只是一种人人都有的习惯，没什么大不了，但其实习惯性拖延的背后，都有强大的心理“诱惑”，让你说服自己没有工作头绪时可以一拖再拖，无计划、无安排，任由时间倏然而过，最后，什么也做成。

PDCA 循环是一个非常小却非常实用的工具，让我们更好地了解自己所处的情景和阶段，就知道接下来应该怎么做才能更好地实现最终的目标。有了工作的方向和路径，自然就能在短时间内高效、高质量地完成任务，摆脱心理“诱惑”。

第五章

时间管理：有效盘活一分一秒

不要寄希望于充足的时间上

每年年初，相信很多同学都会默默打开笔记本或手机备忘录，为新的一年设定下目标，或发个微信朋友圈，晒晒来年的人生新目标。罗小胖也会给自己立下一些Flag。梦想还是要有的，万一实现了呢？罗小胖总是这么信心满满。

今年年初，罗小胖在笔记本里定下了这些目标：

· 每天坚持记账，年底要存下 1 万元。

· 一周至少运动三次，年底要有几块腹肌。

· 每天至少阅读一个小时，今年要读完 50 本书。

· 每个季度至少出去玩一次。

· 多接触一些女生，一定“脱单”。

· ……

“罗小胖，你的 Flag 完成得怎么样啦？今年可要过去四分之一啦。”“哪有时间啊，今年太忙啦！”罗小胖倒也理直气壮。“说好的每周至少运动三次，每天至少阅读一个小时呢？那你怎么达成年度目标啊？小胖，今年别又被打脸啊！”“不会，不会，不是还有三个季度嘛？不怕，不怕，后面还有时间，先攒着。”罗小胖安慰起自己。

这里还有一个例子，是我另外一位同事。这位同事利用业余时间运营了一个微信公众号，当然这没什么奇怪的。他还给自己立了一个 Flag——每天更新一篇文章，这也不用大惊小怪的，毕竟类似的 Flag 我们也会经常立。但如果我说他已经坚持日更将近两年了呢？每日早上 8 点，风雨无阻，都会推送一篇文章。

你会不会觉得他有一点厉害？除了微信公众号，他还立了一个 Flag——每天运动健身 30 分钟。这更没什么奇怪的，翻开每一个人的新年计划，就像罗小胖，里面肯定都有一项是关于运动的。但如果我说这个同事已经坚持运动超过 365 天了，还每天早上在微信朋友圈打卡，从不间断，现在，你会不会开始有点崇拜他了？

如果我告诉你，除此之外：

· 他每周读 4 本书，并坚持做读书笔记。

· 每个月会有一次短途旅行的计划。

· 不定期地约美女出去街拍。

· ……

“那他的工作一定很清闲吧？”我猜测你会这么说。作为他的同事，我可以负责任地告诉大家，他负责的工作内容应该比罗小胖的复杂千倍百倍，理论上应该比罗小胖忙碌很多。那为什么他立的 Flag 都能坚持并达成，但罗小胖的就一直没有进展呢？

答案就在于，这位同事更懂得时间管理。要说世界上有什么东西对每一个人都是公平的，大概就是时间了。每一个人不分贫富贵贱，每天都只有 24 个小时，1440 分钟，86400 秒。有的人每天忙得焦头烂额，抱怨时间不够用，也有很多人却能够成为人生赢家——事业蒸蒸日上的同时，能够很好地享受生活。

拖延症患者一般没有时间观念，总认为时间是够用的，想着如果不够用，那就把工作留待第二天去完成好了。如此不重视时间的工作思维，才造就了低效率、低质量的工作状态。重视时间的力量，进行高质量的时间管理，是治疗拖延症最重要的一个步骤。

每年年底，部门都有述职答辩的安排，简单地说，就是总结一下过去主要的工作，梳理一下工作成果和个人收获，同时展望明年的工作，期待来年工作顺利。

看似简单的述职汇报，领导其实还有两层含义：让所有人有机会展示过去一年的成果；让大家表达一下各自对下一年的期待。

领导这么想，大家也都心知肚明了吧。这既关系到自己的年终奖，也关系到明年资源的分配，大家也就格外重视。这些细节，罗小胖都看在眼里，也记在了心里，所以当领导提前一个月通知大家准备年底述职时，他跟所有人一样积极。

第一天晚上就加班到很晚，为了整理述职 PPT，想着今年一定要好好表现，罗小胖暗暗下定决心，鼓励自己。“可毕竟还有一个月才开始述职呢，时间还早。”想到这些，罗小胖觉得也不用太着急，今年应该准备得更充分一些。于是心想：

· 毕竟是述职，PPT 还是很重要的，罗小胖先去找好几十份 PPT 模板来参考。

·领导很关注逻辑思维，呈现时逻辑一定要特别通顺，于是罗小胖花了很多时间去整理述职逻辑。

·罗小胖开始自己的思路，想和同事讨论一下，参考他们的思路，调整自己的方向。

·模板找好了，逻辑也整理好了，可哪些内容应该放到 PPT 里面呢？还要仔细斟酌一下。

·PPT 的美观也很重要，领导看着赏心悦目才行。嗯，是要好好设计设计才行。

·最后，要上去现场演讲？不行，不行，罗小胖想要找一个人彩排一下。

·……

看吧，本来以为一个月的时间很充足，结果罗小胖还是一拖再拖，赶在截止日期前一天才完成并提交。

这不禁让我想起之前看到的一个故事。不过在讲述之前，希望大家先思考一个问题——邮寄一张明信片需要多少时间？如果我说有一个人花了一个小时才邮寄出一张明信片，你是否会觉得难以置信？

这个故事出自英国著名历史学家诺斯古德·帕金森的名著——《帕金森定律》。一位老太太要给侄女寄明信片，用了一个小时找明信片，一个小时选择明信片，找到侄女的地址又用了30分钟，花了一个多小时来写祝词，最后决定去寄明信片时考虑是否带雨伞，又用了20分钟。做完这一切，老太太疲惫不堪。

通过这个例子，作者帕金森想要告诉我们："一份工作所需要的资源与工作本身并没有太大的关系，一件事情被膨胀出来的重要性和复杂性，与完成这件事情所花的时间成正比。"

理论上，时间越充足，我们完成任务的质量也会更高。然而事实上往往不是这样。

帕金森定律认为，工作会自动填满一个人所有可用的时间，只要还有时间，工作就会不断扩展，直到用完所有的时间。在某种程度上，时间越多，我们可能越懒惰、越缺乏动力，效率也越低，更容易越倾向于拖延。

就像罗小胖，述职答辩的周期未必就需要一个月的时间去准备。事实上，他身边的很多同事也仅仅用了一周的时间就完成了整个内容的准备，并且效果还不错。别人用一周的时间就能完成的任务，罗小胖却用了一个月，并且过程中还充满了不自信、犹豫，一拖再拖，让自己疲惫不堪。

对于明年的述职答辩，我很想给罗小胖这么一个建议：不如自己主动把准备周期从一个月减半为两个星期。当然，这一定要罗小胖自己做决定，因为一旦是别人强加的决定和意识，可能会让他更抓狂，更加拒绝执行。

善于利用时间杠杆

如果有一件事，你做了之后会大幅度提升工作效率，你会不会积极去做呢？

相信很多人会毫不犹豫地选择做。但如果这件事，需要费好一番工夫才能完成，你还会选择做吗？相信依然会有很多人选择做，但事实上大家真的会这样执行吗？

在职场中，PPT 制作基本是职场的必备技能，甚至被很多 HR 看作职场人的必备技能。罗小胖的很多工作都与 PPT 有关，在公司内部，罗小胖甚者有个外号——“PPT 民工”，毕竟他有 1/4 到 1/3 的工作都与 PPT 制作相关。

因此，每次到年终述职答辩季，罗小胖都会突然变成全部门最受欢迎的人。

“小胖，你的 PPT 怎么做得那么快啊？”

“小胖，你用的这些图标好好看啊，在哪里找到的？”

“小胖，快来帮我改改 PPT 吧，我做得好丑。”

每到这个时候，罗小胖总会微微一笑：“来，给大家看看我的神器。”于是打开了一个电脑文件夹。原来，他保存了上百个 PPT 模板。

“每次做 PPT 前，我都先打开桌面的 PPT 模板文件夹，从里面筛选出合适的模板套用，不过提前跟你们说下，从一百多份 PPT 模板中选出一份合适的模板，不是一件容易的事哦！”罗小胖心理开始膨胀了。

“那你是怎么找模板？”罗小胖的一个忠实粉丝问。

“看起来复杂，其实也是有套路的，一般分为三步：先在草稿纸上整理一下思路；再用麦肯锡、罗兰贝格的模板帮忙梳理逻辑；最后用广告公司的 PPT 模板调整配色、美化效果。别看保存了这么多模板，其实常用的也就三五个，有些用它的逻辑，有些用它的配色，这样一份 PPT 很快就做完啦。”

“哇！你好棒哦！”又是一个粉丝小美的称赞。“咦，这样的话，是不是把常用的内容整合到一张 PPT 里面，这样每次做 PPT 都只需要从这一张模板里面找，岂不是更有效率？”小美仿佛开窍了。

“嗯，好像也有道理。”罗小胖点点头，一拍桌子，“行，我整合一下常用的模板，都发给大家。”此时肯定是掌声雷动，然后同事们的眼中都充满了期待。

一周、两周、三周……一个月过去了，罗小胖好像还没有什么动静。“小胖，小胖，上次不是说要整合一份模板给大家嘛？”有同事问道。“还没搞好，还没搞好，这个太复杂了，最近比较忙。”罗小胖边在文件夹中找模板边说。

听完小胖说的，我在心里默默记了一笔账：按照现在的节奏，每做一份 PPT，需要用 1—2 个小时的时间挑选模板。如果把常用的模板汇总到一页，那挑选模板的时间会直线减少到 30 分钟。相当于每一份 PPT 制作中，用于选择模板的时间就减少 30 分钟。假设罗小胖每个月要做 8 份 PPT（我只能说至少），相当于每个月至少可以节省 4 个小时，一年就是 48 个小时！

可罗小胖整理模板大概要用多少时间呢？我想大概不会超过 3 个小时。3 个小时换 48 个小时，你说划算吗？

再回到刚开始的那个问题：如果有一件事，你做了之后会大幅度提升工作效率，你会不会积极去做呢？理性告诉我们要积极主动去做，但实际上，我们中的大多数人都会像罗小胖一样，相对于长期的收益，我们对眼前的投入更加敏感、谨慎。

在工作之余，我经常会在一个文字编辑器上写好文章，然后在微信公众号上发出。之前每次写一篇文章，都需要手动调整，例如字体、字距、段距等。经常是码字 1 个小时，排版 1 个小时，时间没有被高效利用。

后来我发现，编辑器其实有根据自己的喜好提前设置好默认格式，设置的过程很麻烦，需要写一些代码。虽然都只是些简单的代码，可我是文科生啊！所以只好一边百度搜索一边学习，花了将近一个下午的时间，终于设置完成。

至此之后，我再也没有为格式问题烦心过，写作效率提升了很多。我想，这背后就是时间杠杆在起作用。如果有一件事只需要相对少的时间投入，但却能极大提升你的工作效率，不要犹豫，不要拖延，立马去做吧。高效率的职场人，都不会在犹豫不决的事情上浪费时间，浪费时间就是浪费生命，学会善于使用时间杠杆，一分钟都不要耽搁。

基于四象限原则的4D原则

不知道大家有没有统计过自己每天要做多少件事情。如生活方面：做饭吃饭、睡觉、洗漱、化妆卸妆、收拾房间等；工作方面：电话、汇报、开会、谈判沟通、看邮件、写邮件、回邮件、做 PPT；娱乐方面：看剧、刷抖音、微信聊天、看新闻、看小说、逛街；其他方面：思考、发呆、焦虑、迷茫，或处理其他临时性、突发性的事情。

如果稍微分析一下，会震惊地发现，我们每个人每天都要处理超过 25 件事。然而时间是有限的，我们应该如何合理分配时间到这些事情上去呢？这时，有人提出了时间管理的四象限原则：生活中的所有事情都可以按照重要、不重要和紧急、不紧急放进一个四象限中。百度百科中对这四个象限有明确的定义。

1. 第一象限：紧急且重要

这一象限中包含的是一些重要且紧急的事情，例如一些工作紧急事故、危机，有期限且马上到的任务、关键的会议等。这类型的事情具有时间的紧迫性和影响的重要性，无法回避，也不能拖延，必须首先处理、优先解决。

2. 第二象限：重要不紧急

这一象限的事件不具有时间上的紧迫性，但是，它具有重大的影响，对于个人或者企业的存在和发展以及周围环境的建

立维护，都具有重大的意义。比如做计划、学习提升、为某些重要事情做准备工作等。

3. 第三象限：紧急但不重要

第三象限包含的事件是那些紧急但不重要的事情。说到这里，可能有人会立即提出质疑：紧急的事，不就等同于重要的事吗？其实这就是这一象限事情的欺骗性。生活中有很多紧急的事情，但其实并没有那么重要。

比如周日，你正准备休息，朋友打电话过来约你吃夜宵，人都到齐了，就差你。于是你过去凑个热闹，结果搞到凌晨。第二天到公司，你一天的状态都是昏昏沉沉的。

再比如，你正在写一个很重要的报告，领导突然说要开一个会议。开完会，并没有什么收获，你的思路反而被打断了。

这些看上去紧急很重要的事情，其实并不重要，但往往会消耗我们很多的精力和时间。

4. 第四象限：不重要也不紧急

第四象限的事件大多是些琐碎的杂事，没有时间紧迫性，没有任何重要性，例如打“王者荣耀”、看电视、刷微博、刷抖音等。这个象限的事情就是所谓的“Time Killer”（时间杀手），我们很多时间都浪费在这些不重要的事情上。

那么问题就来了，该如何根据四象限原则来进行有效的时间管理呢？下面，4D 原则可以了解一下。

（1）第一象限：Do it now

如果一件事是重要且紧急的，我们应该立马去做、马上去解决，不然可能会在未来给我们造成更大的困扰。

比如我们经常会遇到一些紧急且重要的“小事”，比如要提交一个报告、发送一个会议邀请、处理客户一个线上问题等。这些问题也许本来只需要两分钟就能搞定，但由于没有及时处理，拖延后往往需要几个小时的时间去弥补。关键是，这个过程中会白白消耗你很多的精力。

需要注意的是，很多第一象限的事情是从第二象限累计下来的。本来是重要且不紧急的事情，但是由于没有做好计划，盲目相信 Deadline 是第一生产力，一拖再拖，最后就变成重要且紧急的事情，让你焦虑不已。

因此，我们应该投入 20% 的时间在第一象限的事情上，如果超过了，不妨看一下是否第二象限的事情出了问题。

（2）第二象限：Do it later

针对那些重要但紧急度不高的事情，我们应该先制定好合理的计划，根据计划不断推进、执行。这一象限的事情，我们经常会因为其紧急程度低而忽略其重要性，一拖再拖，甚至将其遗忘掉。

比如罗小胖提前一个月就收到通知要做年终述职，本来时间充足，是妥妥的第二象限事情。没想到，罗小胖总想着还有时间，拖到最后一周才发现好像有点来不及，加班加点才完成，质量可想而知。

例如学习提升，重要吗？相信很多人都会认为很重要，但真正行动起来时，我们经常会一拖再拖，到最后甚至忘记自己要学习，要提升自己这件事情了。有的人拖着拖着，甚至觉得学习提升什么的都只是“浮云”，并不重要。

正是由于这类事情重要且容易被忽略，时间管理专家才会建议我们用超过 60% 的时间去投资和经营好第二象限的事情，不要把它推到第一象限，更不要遗忘这些工作任务的初衷。

（3）第三象限：Delegate it

对于很多人来讲，第三象限的事情，我们可以尝试授权或请求别人去做。比如你正在处理一个非常紧急且重要的事情，但临时又被安排接受一个新的任务。在接受、处理这个新任务时，我建议你先评估一下：这件事情，一定要由你来做吗？

如果你有下属，那下属能不能帮你处理？如果你没有下属，可以看看身边的同事能否帮助你处理。

例如你正在做一个项目方案，突然有同事过来想找你了解一下项目的背景，这时你是应该中断方案的撰写，开始跟他介绍背景呢，还是应该让他去找项目组其他同样了解项目背景的人呢？我相信你心中已经有答案。

也许评估一下，你发现这件事情好像只有你能做，那怎么办呢？那就应该先推迟，稍后再做。既然紧急程度不高，稍微推迟一下应该不会有太大的影响。学会分清楚轻重缓急，才能更好地安排好自己的时间，提高工作效率。

一般来说，第三象限的事情会占用我们大概 15% 的时间。

（4）第四象限：Don't do it

针对这些好比“时间杀手”的事情，我们应该尽量少做甚至不做，最少做到不沉迷。比如玩游戏、看剧、刷抖音等，确实会在一定程度上帮助我们短暂地“放松”一会儿，可一旦沉溺，你会消耗更多的精力和时间。很多人都提到，刷抖音的时候津津有味，刷完却又陷入无尽的空虚——因为浪费了很多时间，没什么实质性收获。

可人非圣贤，谁还有没有点乐趣？虽然要做好时间管理，也不能违反人性，适当放松，比如用 5% 的时间来放松自己，劳逸结合，才能享受更好的生活，提高生活品质和幸福感。

接下来，不妨把每天要做的事情梳理一下，看看你的四象限里的内容都是什么。

最后还有几个心理建议给大家，可以适当参考：你可以很忙碌，但不能有一点盲目；大多数事情是不期而至的，但它并非当前最重要的；最重要的是看似不紧急但很重要的事情，一定要找出这类事情，先完成它。

别让“瞎忙”影响你的效率

一天早上，罗小胖来到公司，发现工位上乱得一塌糊涂，准备先把工位整理一下。刚开始整理，他想起明天要给领导汇报，但数据还没整理好，于是打开 Excel 表格开始整理。不一会儿，又想到有个 PPT 还没做完，于是又打开 PPT；PPT 刚做完一小会儿又被一个来电给打断了……

整一上午，罗小胖忙来忙去，手头的工作好像并没有什么突破性进展，反而被一拖再拖。

为什么做一件事情总是浅尝辄止，还没有实质性突破时，思路就自觉或不自觉地想切换到另外一个“频道”？这是因为人都有一种思维惯性：一旦一件事比较难以推进或陷入瓶颈时，我们都会习惯性选择逃避，快速把注意力转移到那些看似轻松且不费脑的工作上去。

同时我们又很容易陷入到一种眼高手低的困境，很多工作看起来容易，实际做起来却很复杂。于是，我们就会像罗小胖一样，在各种事情之间来回切换，看上去都启动了、行动了，工作却始终没有任何实质性进展，这种状态俗称“瞎忙”。

“瞎忙”是病，得治！这里给大家提供两种“药方”，来！对症下“药”吧。

1. 擒王原则

简单来说，即每天选择做一件最让你压力山大、最让你头痛的事情，完成这件事之后再启动其他事情。

比如最近罗小胖最头痛的就是工位了，每天乱糟糟的，看着就心烦，天天想着整理，却总没有时间。对于这样的事情，与其每天被折磨，倒不如一鼓作气，把它攻破。这样最起码有两个好处：

（1）避免被这种简单的事情持续消耗精力，让自己的精力投入到其他更重要的事情上。

（2）阶段性的成果可以极大地提升愉悦度和成就感，帮助我们更高效地、更积极地投入接下来的工作中。

然而职场是复杂的，并不是所有的事情都能像整理工位一样一蹴而就，一鼓作气拿得下，那怎么办呢？把下面内容也吃透吧！

2. 50% 原则

写报告是一项系统工程：找素材、做数据分析、梳理思路、形成结论，可能还需要做 PPT 来呈现。很多时候并不是一次性就能完成，还时不时伴随一些“断片”现象——思路突然消失了，脑海一片空白。

对于这种比较复杂或极具挑战性的工作，我们可以利用50% 原则。50% 原则就是说，无论做什么，在进入“中场休息”或转换到下一件事情前，一定要至少完成超过一半的任务量。

首先，我们的思维逻辑具有一定的惯性，一旦打断，很难重新串联起来；在事情进展到 50% 之前，我们需要保持专注，以防思路断掉，否则下次启动就要重新开始，多做了无用功。

其次，完成超过 50%，意味着我们取得了阶段性进展，这可以让我们收获信心，更加有精神、有斗志地进入第二阶段的工作中，效率更高。

最后，“以终为始”是高效能人士最重要的习惯之一。在项目推进过程中，我们需要阶段性停下来，看一下项目开展是否偏离了最终目标，是否在既定的轨道上运行。50% 是一个重要的节点，一旦发现推进过程有所偏差，还能及时调整方向，避免做无用功。

当你手头上有很多件事情，却总不能投入到某一件事情时，不妨试试这两个原则。总之，千万不要总是在各种事情之间来回切换，这样既浪费时间、损耗精力，又无益于项目的推进。

高效处理琐事的两分钟原则

上周五，罗小胖收到一封邮件，说有一个项目费用报销需补交一张发票。罗小胖检查一下，发现确实少了一张发票，不过觉得这事不着急，刚好当时手上还有其他事情要忙，就把这件事先放一放了。

这一放，不要紧。罗小胖每天忙来忙去，却把这件事忘记了。直到有一天，财务打电话过来说补交发票的日期过了，这笔款项无法支付。恰巧这时，供应商又打来电话催要赶紧支付。说起来，你可能不信，之前还在罗小胖工位上的那张补交发票，突然就不见了。

接下来一天的时间，罗小胖都在忙着处理这件事情：和财务沟通，要审批到总监环节才能补交发票；安抚供应商，保证款项很快就能付出去；翻箱倒柜去找那个遗失在某个角落的发票……罗小胖本已焦头烂额，下班前还被总监骂了一顿，才最终搞定。

本来是一件很容易搞定的事情，就是由于一时的拖延而陷入极其复杂的窘境，甚至不可收场，真是一个悲伤的故事。

当然，讲这个故事，不是想对大家说罗小胖有多么不容易，而是想给大家介绍一个有效的时间管理原则——两分钟原则。

两分钟原则，即在工作中临时遇到突发的事情要处理时，我们首先衡量一下处理这件事所需要的时间，如果超过两分钟，就把这件事推迟到完成手头工作后再执行。但如果这件事预计能够在两分钟内完成，就中断手上的工作，优先把这件事完成。

两分钟就能完成的任务，说明其足够简单。但越简单的任务，越容易出问题。

1. 简单意味着很容易被遗忘

职场中需要同时处理很多件事情，对于一些简单的、看起来没那么重要的事情，我们往往很容易将其遗漏、忽略掉。也正是因为不重要，一旦遗忘，想要再重新记起来就会非常困难，最终导致我们要花费几倍甚至上百倍的时间和精力才能解决。

2. 简单的失误更难被理解

在职场，评价一个员工最重要的标准之一就是靠不靠谱。一旦被冠以“不靠谱”的名号，对于个人职业发展将非常不利。在复杂的事情上出错，还可以被人理解。可一旦在简单的事情上出现失误，就很难被人理解了，反而还会被领导误认为能力不足。

比如罗小胖，本是一件非常小的事情，结果却要麻烦到总监出面，还要挨骂：“连这么小的事情也做不好。”最终影响自己在部门的“靠谱度”，甚至影响职业晋升。

特别是刚进入职场的小白，对于工作中临时、琐碎的小事，比如会议邀请、预订会议室、提交报销单等简单琐碎、举手之劳的小事，应尽量立马解决，不要往后拖延。如果实在无法立马解决，可以先用便利贴记下来，贴在显眼的位置，以防被忽略或遗漏。

记住，琐事见人心，高效能人士更重视职场中的细枝末节，做到不遗漏任何一件小事。要成功戒掉拖延症，请先关注身边的每一个细节，运用两分钟原则，把效率往上提速，告别粗心大条、低效工作。

拒绝做“便利贴女孩”

某一天，罗小胖刚到公司，打开电脑准备整理今天的待办事项，进入一天的工作。突然手机“叮”的一声响了，看了下微信：“罗小胖，你到公司了吗？我有一个快递到了，能帮我去取一下吗？”

罗小胖二话不说，去收发室把同事的快递取回来。隔壁的同事说：“罗小胖，我马上有个电话要接，你帮我打印一个材料吧。”说着，罗小胖自觉地走进了打印室。

不知不觉，已经过了11点，罗小胖手头的工作还没有开始！

伴随着台湾艺人陈乔恩主演的偶像剧《命中注定我爱你》的走红，“便利贴女孩”这一概念逐渐被大家所熟知。在剧中，职场菜鸟陈乔恩每天被同事呼来唤去，给同事买咖啡、替同事加班、帮同事拿外卖，每天像陀螺一样去满足各种同事的需求，自己的工作反而没有做好。

与此同时，女主角的逆来顺受并没有得到同事善意的理解，相反，同事反而愈加变本加厉地指使和苛责她的工作。偶像剧中的灰姑娘总会有王子来拯救，而现实中的“便利贴女孩”却往往陷入痛苦，不能自拔。

在职场中，我们如何才能避免自己成为“便利贴女孩”呢？美国心理学家简·博克和莱诺拉·袁建议我们要学会拒绝那些没有意义的追求。

学会果断拒绝那些没有意义的事情吧。在上文中，“便利贴女孩”做的大部分事情，对于我们来讲都是毫无意义的。事实上，它并没有帮我们建立起良好的人际关系，同时也没有帮我们在能力锻炼或职业发展上获得晋升。相反，这类无意义的事情还会消耗我们大量精力，降低我们的生活质量，让我们活得没有幸福感。

我们的工作计划被不断打断，不得不应对各种临时的、毫无技术含量的任务；我们把大量精力花费在很多毫无意义的事情上，疲于奔命却毫无成就感，还会导致本来很重要的事情被一拖再拖，迟迟无法启动。

所以，我们要果断拒绝这类毫无意义的事情，不做“便利贴女孩”。

1. 明确原则和底线

在职场中，要先明确自己的工作边界和原则。亲兄弟也要明算账，何况是同事。在工作中，一味地妥协和退让，只会给自己带来无尽的苦恼。强调自己的原则和底线，勇敢说拒绝，才能给自己赢得更多尊重。

2. 明确立场，果断说不

拒绝之所以难，是因为我们一直拖延拒绝。很多时候，我们总会不自觉地放大拒绝带来的危害。事实上，有原则地拒绝，远比答应下来却“放飞机”（答应了却做不到）的危害小。当你觉得难为或者感到勉强的时候，果断说不，勇敢说出自己的意愿吧。

对罗小胖来说，每次想到这些繁琐的、拖后腿的事情，都会让他感到手足无措、烦恼不已。答应了别人，但内心又不愿意去做，只能一拖再拖，不敢明说拒绝之意，一方面白白消耗很多精力在这些无关紧要，甚至有害无益的事情上，同时也给同事留下了言而无信、不靠谱的印象。

学会拒绝做“便利贴女孩”，不要拖延、不要迟疑，把宝贵的时间和精力还给自己吧，然后用到最重要的事情上，才能真正提高效率，开上人生加速道。

第六章

精力管理：让自己奔跑起来

精力才是更高效的生产力

时间大概是世界上最公平的东西，无论贫穷或富有，无论你是正值少年还是步入中年；无论你是身居高位，走上人生巅峰，还是蜗居一隅，正在为未来而迷茫，大家每天都只有 24 小时、一年都只有 365 天。无论你是谁，时间都不会为你增多，也不会为你减少。

时间是公平的，但它造就了不同的人生，很多人都会把这归结于足够努力或懂得时间管理。努力固然重要，甚至可以说是影响结果最重要的因素；时间管理当然也很重要，不然我们也不会在上一章节用那么多的篇幅去讲时间管理。

可是有了努力和好的时间管理，就足够了吗？

在互联网行业，“996”（早上 9 点上班，晚上 9 点下班，一周工作 6 天）甚至“247”（一天 24 个小时，每周上班 7 天），都是一种普遍存在的现象。虽然这确实不符合《中华人民共和国劳动法》的要求，但在激烈的市场竞争中，很多互联网企业员工都不得不被迫接受这种工作模式。

我有一位朋友，就在一家施行“996”工作制度的创业公司上班，是一款 APP 的产品经理，这款 APP 还颇为流行。

早上 7 点 30 分起床，9 点出现在公司。一天有 50% 的时间在各种会议上，此外还要做 PPT、画原型图、与程序员沟通、收集用户反馈等，中午胡乱吃两口饭，然后继续一直忙……忙到晚上，一般 10 点下班。11 点到家，已经筋疲力尽，整个人的身心都处于被掏空的状态。

这种工作状态周而复始，整个人非常疲惫，做什么事情都提不起精神。“明明还不到 30 岁，却感觉像是 70 岁的老人。”倒也从这位朋友的调侃中听到了很多心酸。

李笑来在他的著作《把时间当做朋友》一书中写道：“每个人每天都是 24 个小时的固定时长，决定产出的，不是某个时间段做了什么，而是做成了什么。”

时间管理可以帮助我们上紧发条、分清事情的轻重缓急，知道什么时候做什么，提升时间的利用效率。但无论再怎么努力，我们每个人的时间都是固定的，没办法挤出更多。

比起时间管理，我们更需要提升时间的利用效率，提升单位时间内的产出。当然，我们还需要更好的、更高效的精力管理。什么是精力管理呢？

美国著名心理学家吉姆•洛尔在他的著作《精力管理》中明确提到：每个人拥有的时间是一样的，但精力却很不同。“精力如同其他的能力一样，用则进，不用则退；用得太狠会衰退，用得太少又会退化。”我们需要通过刻意练习，提升自身精力管理的能力，提高生活幸福度。

在书中，洛尔提出了精力管理的四个原则。

1. 精力金字塔

精力旺盛的人，都是怎样的状态？他们一般热情、活力十足、充满能量；做事情专注，效率高，多为企业高管或某个领域的专家；积极乐观，即使遭遇挫败，也不会让他陷入低落中，反而转化为挑战更高目标的动力。

与这样的人接触，你也会被他感染。在以上高精力值的行为模式背后，其实是精力金字塔在起作用。

精力金字塔，从低到高分为四层，即身体的、情感的、思想的、精神的。全情投入 = 体能充沛 + 情感链接 + 思维清晰 + 意志坚定。

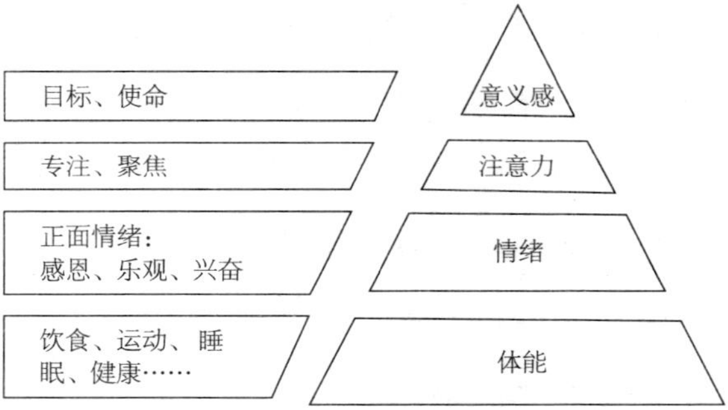

精力金字塔

体能充沛：体能是一切精力的来源，想要有充沛的精力，首先就要有健康的身体，定时饮食、充足睡眠、积极运动，劳逸结合极其重要。

积极情绪：虽然情绪看不见、摸不着，但它确实是影响我们工作效率的最重要因素。积极的情绪，例如感恩、乐观、兴奋等，可以为我们提供充足动能。洛尔在《情绪管理》中提到几种提升积极情绪的方法。

（1）发展各种兴趣爱好，享受独处时光。

（2）在人际交往中采用三明治的沟通方式，即把批评夹在建议和认可中间。

（3）跨出舒适圈，选择一些具有挑战性的事情去做，取得正面反馈，提升自信心。

（4）接受多样化的自己：接纳自己的勇气，同时也允许自己害怕；坚持自律，同时不过度批判自己的偷懒。

（5）允许自己失败，更能从失败中获得勇气。就像掷出去的乒乓球，人的成长都是长期的、持续的起起落落的过程，只要趋势是向前的，就不要在乎一时的得失。

注意力：注意力要更加聚焦和专注。洛尔提到，思维的混乱源于专注力、记忆力的下降和焦虑，因此他提出“边缘性思考”的概念，建议我们常常进行冥想，让大脑处于轻松的氛围中，因为大脑在放松状态中是最具创造力的。

针对焦虑，洛尔建议大家每天早上花20—30分钟记录工作和生活中让你感到不安的问题，找个合适的渠道把不安的情绪排解出去；其次是管理好自己的生物钟，把困难的事情留给精力最充沛的时间段去解决；最后充分利用通勤时间，去思考工作中的挑战和困难，为进入工作状态做好准备。不要小看通勤时间，北宋文学家欧阳修在《归田录》曾说：“余平生所作文章，多在三上：乃马上，枕上，厕上也。”

意义感：使命感是精力来源的最大动力。任何一件事情，一旦被赋予了某种使命，就更能激发我们的动力。尼采曾说："知晓生命的意义，方能忍耐一切。"所以在精力金字塔的最上层，我们不妨多问一个"Why"——为什么我要做这件事，这件事对我有什么意义？想清楚这些，方能拥有强大的意志精力。

2. 钟摆式运动：精力的周期性消耗和恢复

在我们的认知里，大家都很认同成功往往贵在坚持，所以无论自己的状态如何、客观环境如何，我们都要坚持克服一个个困难。短暂的休息往往是偷懒的代名词。"这其实是一种非常糟糕的精力管理方法。"洛尔说。

人的精力就像摆钟，有自己的节奏，有自己的高谷和低谷。但我们对精力的利用往往是直线型的。使用手机的人都知道这样一个道理：如果手机长期处于低电量的状态，我们自己随时都处在手机将关机的恐慌中，电池也会因为长期的低电量工作

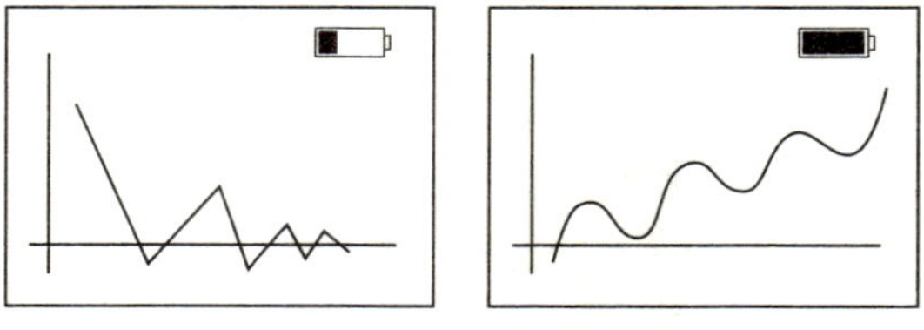

你不是没有精力，其实是不会管理

而受损。

我们对精力的使用也是这样。在 Calendar 中把工作一件件列出来，一件件解决，直到筋疲力尽，感到撑不住的时候就喝杯咖啡或抽根烟，这其实就是让自己的精力长期处在“低电量”的状态下，长此以往，精力受损在所难免。

因此，金庸说：“你有多大的武功，就要有多大的佛法。”我们需要掌握自己的精力节奏，主动休息，周期性地补充精力，这样才能始终保持充沛的精力来应对工作。

3. 突破舒适区

中学课本里有一篇契诃夫的文章《装在套子里的人》，描述了一个终日把自己封闭起来的人。虽然现实中可能没有人会那么夸张，但我们都会有自己固定的思维、行为惯性，这就是我们的舒适区（Comfort Zone）。一旦突破这个舒适区，我们就会感到不舒服，甚至焦虑。

焦虑被认为是现在年轻人的通病，也被认为是消耗精力的第一杀手。然而一对心理学家对一对小白鼠做出相关实验后，提出“最佳焦虑”（Optimal Anxiety）理论：一种建设性的、让我们充满创造力的不适，可以激发我们的能量，让我们变现得更好。

我们不能永远做契诃夫笔下那种把自己装在套子里人，适当地突破舒适区，去迎接更大的挑战，也是增强自我信心、增加精力储备的重要方式。

4. 习惯成自然

在工作和生活中，任何高效处理的部分都是刻意练习的结果，也就是说，精力是可以被训练出来的。有意或是无意，我们每个人都有自己的生活习性。平日里，我们注意不到这种习性，一旦遇到突发事件或重大挑战，却都会习惯性地回到固有的习惯中。比如看书觉得困了，就立马转去看一会儿电视剧。又比如在工作中遇到有挑战性的任务时，第一反应往往是选择逃避等。

我们不能依赖已有的习惯，也不能太依赖自律，因为自律太依赖个人的意志力，且一旦被打破，就会对人的自信心造成打击，甚至引发负面情绪。我们应当利用“有仪式感的习惯”，通过刻意练习来提升精力的利用效率和改善工作习惯。

“仪式习惯指的是定义明确、具有高度计划性的行为。它的优势在于，确保我们的精力有效地使用在当下的任务上，减少行为对主观意愿和自律的依赖，将价值观和目标感有效地转化为行为。”洛尔提到积极的精力仪式习惯有三点重要性：

（1）确保精力有效使用在当下任务上。

（2）减少行为对主观意愿和自律的依赖。

（3）将价值观和目标感有效转化为行动，通过日常行为来展现我们最为看重的事物。

那么，在实际生活和工作中，该如何培养精力仪式习惯呢？洛尔也给出了三条建议。

第一，在 30 天或 60 天的习惯养成计划里，对时间和行为准确规划。

第二，量变达到质变：一次只关注一项重大变化，将每一个目标拆解成无数个可行的小目标，一个个达成。

第三，记录进展：要想习惯持久，自查可以帮助你看到目标与实际行为之间的差距，同时也会为你的仪式习惯指明专注点方向。

鉴于“时间就是生命”这类概念的反复强调，也许我们会重视时间管理而忽略精力管理，结果就像我的那位朋友一样，一天的时间都被排得满满，整个人被撕扯得精疲力竭，生活的幸福感很低。其实，不妨思考一下，一天被填得如此“充实”，但我们真的做好精力管理了呢？有效的精力管理，应该是高效、健康与快乐的基础。

运动为你的大脑注入“清醒剂”

洛尔在精力管理的四个原则中，第一个金字塔原则中就提道：“一切精力的来源是身体。”想要一直保持良好的精力状态，劳逸结合非常重要。

哈佛大学心理学家约翰·莱迪在他的《火花》中写到两个有趣的实验。在一份调研报告中，莱迪发现，虽然新加坡、日本、中国等亚洲国家经常会在一些国际科学考试中取得很好的名次，但在芝加哥的一个校区启动学生晨练运动后，学生们的成绩有明显的提升，其中八年级的同学在一项国际科技竞赛中击败日本和新加坡的学生，取得第一名。

成绩的背后，肯定不完全是晨练的作用，但运动确实与学习效率的提升有直接关系。

在另一份调研中，莱迪发现运动过后，学生学习和记忆新单词的能力要比没有运动时增强 20%。如果你发现自己的英语总学不好，单词也总记不住，也许真的不是你的记忆力有问题，而是缺少一些锻炼。当然，这只是一句玩笑话，但我们确实需要正视运动对于精力管理的意义。

相关研究表明，运动时，人体会消耗大量的氧气和能量，同时会加快血液循环，让身体分泌出大量肾上腺素和其他激素。在这个过程中，身体会为大脑输送更多的养分，还能清除大量新陈代谢后的废物，起到增加血液含氧量和清洁血液的作用。

生命在于运动，精力来源于运动，此言不虚。

“你说得都对，我也知道需要多运动，可我就是没有时间运动啊！”罗小胖说：“一天到晚，我的工作都停不下来，早上起不来，晚上睡得晚。别说运动了，有时间的话，我连动都不想动，就想躺下来。”

其实，这正是你缺少运动的结果，可别把它当成你不去运动的理由。仔细想想，运动真的会占用你很多时间吗？

有关医学调查发现，成年人一周只需要 150 分钟中等强度的有氧运动，就能帮助身体维持良好的精神状态。其实也就是每天运动半小时，就能保证精神一整天。当然，如果有更多的时间，每周能运动 300 分钟，可以显著增强你的体质。若每周能坚持运动 5 天，平均下来也就是每天一小时。这样听起来，是不是觉得好像坚持下来也不是件难事？

投入 30 分钟或最多 60 分钟的时间，就能显著提升一整天的工作效率，这是一笔多么划算的交易啊！

“时间我有，可是我租的房间很小，放不下健身器材，住处周围也没有健身房。如果要健身，我也只能跑步了。”也许很多人都会遇到这样的问题。其实，每天坚持跑步，对大多数人来讲，运动量已经足够了。再不济，手机上有那么多运动相关的 APP，只要你想，总能找到一款适合你自己的运动。

很多时候，我们只是不想，或总想着明天再开始锻炼吧。说到运动，简·博克和莱诺拉·袁讲道：“运动是抵抗拖延症的重要手段。我们对很多事会拖延，大多是因为觉得事情过于棘手，不知道从何入手。”

当我们在剧烈运动时，血液循环会比平时加快。这时大脑得到更多的血氧供应，就会“沐浴”在更多营养分子中，产生能令人心情愉快、保持头脑清醒的内啡肽。所以，运动锻炼一个小时左右，你的头脑将变得非常清醒。

我们刚好可以利用这一个小时。如果刚好遇到一件棘手的事，我们一直想做却苦于没有思路而一拖再拖，不如在运动后立马投入到这件事情的处理中，也许会有新的思路迸发出来。

运动的好处还有很多，这里只提到对提升精力、提高工作效率以及对抗拖延症的作用。千万不要说你没有时间了，动起来吧！哪怕只有 30 分钟，每天坚持下去，也是提升自律力、增强行动力，从而帮助自己戒掉拖延症的一种实用方法。时间就像海绵，挤挤还是有的，就让运动给你的大脑带来一副清醒剂吧。

先把睡眠质量管理好

有一项职场人的调研报告显示，中国白领每天平均工作8.66个小时，上下班通勤需要0.96个小时，其他包括吃饭、洗漱、如厕等时间加在一起是7.05个小时。留给睡眠的时间真的不多，只有7.33个小时！

先不说，现在大部分白领的工作时间远不止8.66个小时，就算理论上不足8个小时的睡眠时间，我们也没有充分利用起来——没有让自己得到充足而高质量的睡眠。有太多其他因素，在压缩我们的睡眠时间。所以，我们就能得出这样的结论："中国白领的平均睡眠时间不足。"好像也未必。

一到周末，只要不加班，罗小胖经常能一觉睡到下午。也就是说，罗小胖的周末，经常是被"睡"过去的。"只要不加班，周末我平均每天能睡15个小时！"罗小胖自豪地说。

这么说，一周下来，罗小胖的睡觉时间还是可以的，毕竟美国国家睡眠基金会建议的成年人平均睡眠时间也是7—9个小时而已。可为什么罗小胖还总觉得睡不好，经常感到筋疲力尽，无法对任何工作提起劲来？更别说自律力和工作效率呢！这种现象导致的拖延，对罗小胖而言，更是极其常见。

很多时候，这个“累”与睡多久没有关系，而与睡眠质量有密切关系。在医学上，我们每晚会经历4—5个睡眠周期，每个周期会持续1.5—2个小时。睡眠周期是指睡眠存在一个生物节律，国际睡眠医学学会将睡眠分为五个阶段，在90—100分钟内经历一个不同阶段：入睡期、浅睡期、熟睡期、深睡期和快速动眼期。

随着人们生活节奏的加快，睡眠问题得到越来越多的人关注，了解睡眠周期，将有助于人们更好地安排工作和生活。

1. 入睡期

这是睡眠的开始，一般只有几分钟，昏昏欲睡的感觉就属于这一阶段。这是从清醒向深睡过渡的阶段。睡眠良好的人，这个阶段的时间只占到5%。

2. 浅睡期

这时开始正式睡眠，属于浅睡阶段，大概会占到50%的时间比例，很容易被叫醒。

3. 熟睡期和深睡期

共称为深睡眠，是沉睡阶段，一般不容易被叫醒，共占22% 的时间比例，是我们真正恢复和积蓄精力的时间段。

4. 快速眼动期

这个阶段会占据 20% 的时间比例，是我们巩固学习和记忆的重要阶段。这时通常会有一些翻身的动作，且很容易惊醒。

当我们讲睡眠质量时，其实是指提升熟睡期和深睡期的时间，减少入睡期和浅睡期的时间，才能真正提高睡眠质量，让自己的精力得以快速恢复。

威斯康星大学睡眠医学教授朱利奥·托诺尼认为，睡眠的首要功能，就是解开那些在白天新形成的、不必要的连接，同时巩固那些连接网中形成的有意义的成果。

这里的连接，指的就是大脑神经元之间的突触连接，突触控制大脑细胞信息的交流与传递，包括记忆的加工和处理。打个比方，整个大脑神经网络就像互联网，神经元细胞就像这个互联网上的一台台电脑，电脑与电脑之间的连接就是突触。在睡眠中，大脑会对其中一些连接加强，对另一些多余的连接弱化。换句话说，大脑会整合加工新旧记忆，同时会消除一些过时的记忆，减少或者屏蔽无用信息。

因此，通过充足的睡眠，我们往往能对一些白天无法解开的问题产生新的思路，甚至很多问题在一瞬间就能迎刃而解。

然而，罗小胖的睡眠节奏一般是这样的，下班时先立一个 **Flag**——今天一定要早睡！

23 点，到家在床上躺着。

23 点 30 分，勉强从床上爬起来，去洗漱间快速洗漱一下。

23 点 50 分，洗漱完重新躺在床上，拿起手机，看看微信朋友圈。

0 点 20 分，刷知乎、看 B 站、刷微博……越来越清醒。

0 点 40 分，什么困意都没有了，听一会儿歌吧，可以催眠的那种。

凌晨 1 点，突然想到明天还要做个汇报，好烦躁。

越来越焦虑……失眠……迷迷糊糊中，不知道几点睡着了。

早上 7 点，闹钟准时响。

7 点 15 分，闹钟响第二次。

7 点 25 分，快迟到了，慌慌张张起床，胡乱洗漱一下就去赶地铁。

于是，一天下来精神都不好，工作效率极低。这种低质量的睡眠给罗小胖带来了以下困扰。

1. 工作效率低下

低质量的睡眠往往会伴随工作效率的低下。上午昏昏沉沉的，无法进入工作状态，下午迷迷糊糊，一直犯困，就如“春困秋乏夏打盹，冬天还想去冬眠”。就如一年四季、一天 24 小时，都是精神疲惫的状态，无法全身心投入到工作中。

这种情况下，一方面难以应付复杂、繁琐的工作，容易出错；另一方面也会导致产出质量的降低，影响工作绩效。长此以往，拖延、不想继续努力、没有自信等情绪暴露无遗。

2. 情绪管理能力差

有效的情绪管理是一个人成熟的标志，也是优秀职场人必备的技能之一。人在缺乏睡眠，且工作压力比较大的情况下，情绪管理能力很容易降低，时常易怒、烦躁，对身边的同事及发生的事情变得极其敏感。这样不仅有损人际关系，还有可能成为人们眼中的“负能量”传染体而被“敬而远之”。慢慢地，你被迫淡出职场圈、人际圈。

3. 亚健康状态

睡眠质量低，自然会导致身体各项机能无法得到充分的发挥和恢复，体质极速降低，出现我们常说的“未老先衰”迹象。其中最直观的是皮肤的衰老。

相关研究表明，当你没有获得充足睡眠的时候，身体会释放出更多应激激素，如皮质醇。过量的应激激素分泌，会加速皮肤胶原蛋白的分解，影响肤质。因为正是这些胶原蛋白，才能让我们的皮肤保持光滑和有弹性。罗小胖每年都会花很多钱在皮肤的保养上，殊不知充足睡眠才是保养皮肤的最好方式。

此外，工作任务重、精神不振，都会加重心理压力，出现头晕、乏力、心慌、提不起劲儿等亚健康症状。亚健康是影响现代都市白领生活质量的最重要因素，超过 80% 的白领都有不同程度的亚健康症状。

高效能人士一般拥有旺盛的精力，也会巧妙地管理精力，将其用在最合适的地方，达到高效工作、高质量生活。那么，他们是怎样管理自己的睡眠的呢?

第一，没事别上床。

针对广泛存在的睡眠质量低的现象，北京协和医学院张遇升博士在《怎样成为精力管理的高手》中提出认知行为治疗法的方法——没事别上床。

像很多职场白领一样，罗小胖每天下班就喜欢在床上躺着刷手机，在张博士看来，这正是导致我们睡眠质量低下的重要因素，也是他会提出“没事别上床”概念的原因。

在张博士看来，我们需要建立上床和睡觉的条件反射——上床就意味着困了，要去睡觉。如果你没有感觉到困意，那就不要躺在床上。即使你感觉到困意，但如果躺在床上超过 20 分钟依然没有睡着，就应该立即离开床，到户外散步 10 分钟，或者到书桌前看书 10 分钟，直到困意再次来袭才上床。只要你还没有感觉到疲倦，没有准备好要去睡觉，就不应该躺在床上。

如果你再次躺下，20 分钟后依然没有入睡，那就应该重复上述动作。刚开始的时候，你会觉得这样有点痛苦，但坚持下去，你的睡眠质量会有质的变化。

除了入睡，张博士还建议我们要设定闹铃，在每天的同一时间叫醒自己，包括周末和节假日。醒了以后，不要赖床，立马起床洗漱吧，培养立即行动的习惯。

第二，午睡 10 分钟，幸福一下午。

德国科学家的一项研究表明，午睡是效率最高的睡眠，尤其是在下午 1 点左右。然而事实上，由于现在职场的工作压力，大量职场人没有午睡的习惯，下午全靠一杯咖啡撑着。长此以往，不但精力越来越差，甚至对身体健康都会有负面影响。

因此，德国研究者坎贝尔认为，午睡作为人自然睡眠周期的一部分，具有显而易见的好处。

（1）可以消除疲倦：午饭过后，由于大量的血液会流入胃部参与食物消化，导致大脑血容量相对减少。大脑短暂性供血不足，将引起疲乏、困倦。英国学者就这一现象进行研究，发现每天午后小睡 10 分钟就可以很好地消除困乏，其效果比夜间多睡两个小时好得多。

（2）可以提升记忆力：德国杜塞道夫大学一项研究显示，午睡不仅可以有效消除疲劳，还能增强记忆力。我们每天都会接受新的知识，同时吸收新知识的能力又在不断丧失。短暂的午休，能够帮我们减缓这种衰退。事实上，午睡可以令人的精力以及警觉性得到大幅度提升。

（3）可以提升幸福感：经过一早上辛苦的工作，大脑会在中午时段进入疲劳期。短暂的休息，可以让紧绷的神经暂时松弛下来，身心得到放松。美国哈佛大学心理学家认为，午后打盹可改善心情，降低人体的紧张情绪，缓解压力，效果就像睡了一整夜（8 个小时）。

虽然午睡有诸多好处，但并不代表睡得越多越好。一般而言，午睡 10—20 分钟最佳。时间太长，我们容易陷入“睡眠惯性”带来的“迷糊”；时间太短，又不足以达到午睡的效果。

此外，我还有一个小提示送给大家：可以在午睡前喝一杯咖啡，醒来后会更精神。这是因为咖啡因从进入人体到发挥作用一般需要 25 分钟。在午睡前喝一杯咖啡，20 分钟后醒来，刚好也是咖啡因发挥作用的时候，这时刚好可以带着最佳状态进入下午紧张的工作，效率更高。

第三，抓住入睡良机。

由于季节的特点，人们往往会春季、冬季感到特别困倦，这时就应该合理安排好作息时间。春季、冬季最好晚上 10 点左右入睡，最迟不要超过 11 点。早晨 6 点左右起床为宜。

第四，睡前泡脚。

专家认为，人的脚掌上密布着许多血管，用温水泡脚能加速血液循环，促进脚部的新陈代谢，同时，给大脑足够的血氧供应。温水具有温和的刺激作用，由于脚掌上有很多神经末梢与大脑紧密相连，刺激脚部神经可以使人感到脑部舒适、轻松，不仅能加快入睡，还可有效消除一天的疲劳，给第二天带来充沛的精力。

睡眠是我们重要的能量和精力来源，养成良好的睡眠习惯，提升睡眠质量，也是提升精力和工作效率的重要因素。要戒掉拖延症，提升效率，先把睡眠管理好吧。

戒掉浪费时间的“手机瘾”

在写这本书时，我的手机更新到 IOS 12 版本，这个版本中有一个新增的功能——屏幕使用时间。我们可以通过屏幕使用时间来监控自己每天使用手机的时长。

不看不知道，一看吓一跳。原来我每周 49 个小时，平均每天超过 7 个小时“浪费”在手机上。

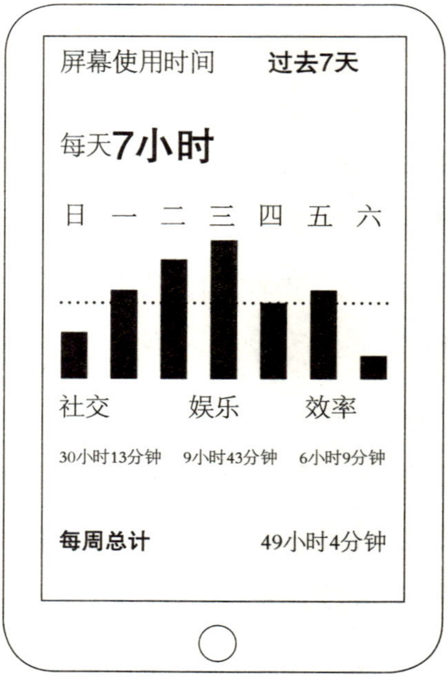

罗小胖早上睁开眼睛的第一件事就是打开手机，刷刷微信朋友圈，看看知乎和今日头条，最后再看看英超的比赛结果。不知不觉，一个小时过去了，慌慌张张地洗把脸，背着包才赶去挤地铁。

乘坐地铁很无聊，罗小胖继续拿出手机，看看视频，一晃就到公司了。在公司，每隔20分钟就拿出手机看一下，虽然电脑里登陆着桌面版微信，重要的信息应该会同步显示，但不看一下手机，罗小胖就会感到莫名的慌张。

晚上下班，带着疲惫躺在床上。本来很累，可还是打开抖音看看。视频里的小姐姐都很漂亮，罗小胖顿时来了精神，不知不觉几个小时又过去了，回过神来，已是深夜。

相信这不仅仅是罗小胖，更是很多人的真实写照。正如有专家提到的，手机已经和我们人类融为一体，成为我们的必备“器官”之一，甚至由于手机，连马斯洛需求理论都要被重新定义。

美国纽约宾厄姆顿大学的一项调查研究，把人们使用手机的频率分为需要时使用、经常使用、狂热、上瘾等级别，发现7%的调查对象使用手机“上瘾”，12%的调查对象对使用手机尤为“狂热”。

美国心理学家亚当·奥尔特在《欲罢不能：刷屏时代如何

摆脱行为上瘾》一书中提到，很多手机 APP 会有针对性的设计，让你欲罢不能，例如不可抗拒的积极反馈、毫不费劲的进步、令人痴迷的社会互动……在自觉不自觉的情况下，我们都中了这些 APP 的套路，陷入到“时间黑洞”中。所谓：“抖音五分钟，人间三小时。”

过度使用手机的危害是显而易见的。

宾厄姆顿大学调查研究的同时发现，过度依赖手机，会导致社交、工作方面的问题，且在心理层面，容易诱导产生抑郁、冲动、焦虑的倾向。微软加拿大公司一项调查报告显示，过度依赖手机会大幅度降低我们的注意力，普通人的注意力集中时间一般为 12 秒，可到了智能手机、社交网络蓬勃发展的 2013 年，这个数字下降了 8%。这个恐怖的数字说明，我们在一分钟的时间内，“走神”次数竟高达 8 次。

毫不夸张地说，手机已经是消耗我们精力的第一大杀手。多少个深夜，罗小胖刷屏到深夜，闭上眼睛却感到莫名的空虚，看上去什么都没做，却已经是身心俱疲。

那么，我们如何才能摆脱手机“上瘾”的行为呢？一位心理学家说过，任何放在你身边的东西，都比离得远的东西对你的精神生活有着更大的影响。

摆脱手机“上瘾”的第一步，即一开始就不给手机让你“上瘾”的机会。想要戒掉“手机瘾”，首先就要远离手机。很多时候，我们都会高估自己的意志力。“带着又怎么样，我不看，不就行了！”事实上，可能等不到五分钟，你就会拿起手机刷一下。

1. 不带手机进入卧室

很多人之所以难以摆脱对手机的依赖，是因为手机就被放置在他们触手可及的地方。多少人就像罗小胖一下，每天与手机同床。如果你不想伴着手机入眠或起床，想要提升自己的睡眠质量，那就立马把手机放到客厅或其他不容易触及的地方。

2. 卸载手机上多余的 APP

世界上最没有用的事情大概就是浏览各种社会新闻，然而事实上，网上 90% 的事情都与你无关。不要再说，“我就安装一下，我不点开”。别欺骗自己了，直接卸载吧。

与此同时，我也建议你卸载手机上的视频相关应用，包括短视频和长视频。如果真的需要看剧，建议用 Ipad 或电脑，屏幕更大，护眼效果也更好。最终的目的是减少你与手机相处的时间。

3. 尝试寻找手机的替代品

相对于用手机看电子书，我更喜欢用 Kindle 和看纸质书，阅读体验更佳。相对于用手机听歌，我更喜欢 Ipod，音质会更好。也许你会觉得这样很麻烦，也许会说：“这些功能，手机上都有啊，用手机多爽。”可世界上，很多使人上瘾的东西，都源于方便、源于体验爽。

不要给手机赋予太多的功能，寻找更好的替代品，还能享受更高品质的生活。

4. 尝试一天不带手机出门

如果你现在建议一个人不带手机出门，他大概会认为你疯了。但我真的建议你可以在某一天，放下手机，独自出门。你会发现自己 突然“耳聪目明”，那些不曾注意到的小美好，会一下子涌现到你的眼前。

丢下一个手机，却拥有了整个世界。我们应该努力让手机成为一种工具，而不是让自己成为手机的奴隶。

摆脱手机依赖症，让自己真正掌握好时间，才是有效的精力管理方式。把时间还给自己吧，不要让手机伴你左右，你才是自己人生真正的主人。

第七章

速战速赢：职场讲究高效率

只要巧妙的速赢

1967 年，美国心理学家马丁·塞利格曼做了一个非常有名的实验。他在研究动物时发现，起初把狗关在笼子里，只要蜂音器一响，就给其难受的电击。狗被关在笼子里，逃避不了电击。多次实验后，蜂音器一响，在给电击前，先把笼门打开，此时狗不逃，而是不等电击出现就先倒在地上开始呻吟和颤抖，本来可以主动逃避，却绝望地等待痛苦的来临。这就是习得性无助。

习得性无助的又何尝是这只“狗”？十多年前，著名艺人周星驰在电影《大话西游》里有一句对白："你看那个人，好像一条狗哦！"这何尝不是习得性无助的体现。

"我不行""我不会""我没做过"这自我否定三连词，竟也成了很多人的口头禅。面对一件事，尤其是一些我们自己失败过或是没做过的任务时，我们开始怀疑自己是否有能力去完成。根据习得性无助的理论，这时，我们就很容易逃避挑战，甚至放弃努力，用"没办法"来安慰自己。

这个时候，我们总能听到、看到一些所谓的心灵鸡汤文，比如"不试一下，你怎么就不知道自己不行呢""别说那么多，先搞起来""说一百句，不如先行动起来""别管了，做就对了"等。

这类心灵鸡汤可以说是真的"站着说话不腰疼"，是没有落地的空头话。习得性无助作为一个被研究多年的心理现象，怎么可能仅凭几句鸡汤文就能克服？

可生活还要继续，怎么办呢？

——速赢！

作为一个"学渣"，每次数学考试前，我都会失眠。对，就是那种睡不着，但又不想起来的状态，因为起来就要去面对可怕的考试。

可该来的还是要来的，打开卷子，焦虑感油然而生。做到第三道选择题，我发现自己已经不会做了。

这时，我有两种选择：第一，死“啃”这道题，不算出来誓不罢休；第二，先把这道题放下，把后面自己会做的先做完。

选择第一种，简直就是直接给这次考试判了死刑。第一，作为“学渣”的我，清楚知道就算一直啃到第二天，可能还是不知道应该怎么算出这道题，所以“啃”下去除了耽误时间，毫无意义。

更重要的是第二点，这道题会让我的心态直接崩溃：“我怎么这么笨，才到第三题就不会了。这试还怎么考！我果然不适合学数学。完了完了，这次考试彻底完了。”按这种心态，我能把后面的试考好，真的要依靠奇迹了。

可如果选择第二种，先把这道题空着，往下看，把自己会做的先做完，把能拿到的分数先拿到，局面就完全不一样了。

虽然考前，我一直很焦虑：数学科很差，我考不好，我都不会啊！可一旦选择把会做的先做完，我的心态就变成：这道题我会，得 5 分；这道题我也会，又有 10 分到手……仿佛能看到一个个分数在脑海闪现，伸手就能抓住。

不知不觉，我竟然也做完了不少。这种放松的心情，虽然不一定会让我超常发挥，拿到更高的分数，但至少不至于让我丢掉本可以拿到的分数，也不至于让 120 分钟的考试时间太难熬吧。

当然，如果你是“学霸”，请随意。如果你跟我一样是“学渣”，相信读高中时，老师也会一再叮嘱你：“别急，把会做的先做完。”这就是速赢。先聚焦那些自己能迅速拿到结果的部分，重点攻破，先取得阶段性胜利，再追求最终的全面胜利。

别陷入分析困局

“这件事好难啊，我真的不会做！”这已经是一天内我第 N 次听到同事罗小胖在抱怨他手中的项目。

其实前天，他还是非常兴奋的：“感觉我走上人生巅峰的机会来了，领导刚才把我叫过去，说给我一个非常有挑战性的项目。只要这个项目能完成，我感觉自己明年升职加薪有望了。”

没想到，这股兴奋劲儿只维持了两天。

“罗小胖，怎么了，前两天不还很兴奋地高呼‘机会来了’吗？怎么今天又唉声叹气了？”

这时，罗小胖给我递过一张 A4 纸，上面密密麻麻地写了很多字。“你看啦，这个项目真的好难啊。老板只说了大概的想法，我本以为很简单，但这两天分析了一下，发现自己真的想得简单了。我肯定搞不定，搞不定。”

我仔细看了下这张 A4 纸，罗小胖确实做了很多分析，比如：需要很多部门的配合；需要很多预算，不确定老板是否批准；不知道是否符合老板的预期等。总之，他发现这项任务的挑战和问题很多，于是一下子不知道如何入手，有些懵圈。

其实不只是罗小胖，我发现身边很多同事也会遇到同样的问题：刚开始接到一个项目或任务时，立马会陷入对未来成功（圆满完成任务）的想象中，激动不已；接到任务后，又开始过分关注过程中的困难和挑战，怀疑自己的能力，畏手畏脚，不敢行动。慢慢的，时间一天天这样消耗着。

有挑战的任务和可预期的回报，会极大地激发我们的动力。但当我们发现过程中的风险和挑战时，负面因素会在极大程度上抵消完成任务带来的愉悦和快感，这时我们转而会认为这项任务是枯燥乏味和没有意义的，于是负责的项目就被一拖再拖，迟迟无法启动，最终造成拖延。

我接着问了罗小胖一个问题：“你有约老板再细聊一下吗？

把你的一些想法跟他讲一下，对齐一下项目目标，也看看他有什么可以支持你的。”

“这，这不太好吧，老板会不会因此认为我能力不行？”

“可你在这里想太多，这些问题会有答案吗？”

罗小胖想了一会儿：“那还是和老板聊一下吧，听听他的想法，反正我也做好挨骂的准备了。”

不一会儿，罗小胖忐忑不安，被叫到“小黑屋”（老板办公室）去了。10 分钟后，罗小胖神色轻松地走到我面前说问题都解决了。

“这么顺利？”我竟也有点吃惊。

“老板说先组织一个会议，让相关业务负责人一起开一个碰头会，讨论一下目标和后续计划，之后再看看预算情况。他会一起参加。”说着，罗小胖就着手碰头会的准备工作，项目就算正式启动了。

看吧，困扰罗小胖两天的问题，10 分钟就能解决。

当我们接到一个有挑战的任务时，不要先自我陷入到对问题和风险的思考与分析中，否则，只会让自己越来越垂头丧气，无从下手。应该像罗小胖一样，勇敢迈出第一步，行动起来，也许一切真的就有新转机了。

毕竟，挑战只靠分析是解决不了的。勇敢选择先行动，才会发现：方法总比困难多。越早行动的人，往往越有发现问题、分析问题和解决问题的时间与机遇。

化复杂为简单

在工作中所面对的事情都不像数学考试一样，可以确定分为选择题、填空题和应用题，我们很难确定自己哪一块是会的、哪一块是不会的。

回顾工作和生活中遇到的各种问题，大概可以分为三类：简单问题、复杂问题和错综复杂的问题。

1. 简单问题

这就像数学考试卷上的选择题和判断题。乍眼一看，就会有一个基础判断：我能不能拿到这个分数。对于这种问题，应对策略就是快速把会做的先做完，把能拿到的分数全部拿到。

2. 复杂问题

这就像数学考试卷上的应用题。我们没有办法轻易判断出这道题，自己是会还是不会。更多时候，我们需要对这道题进行一定的推理，该套用工具的套用工具、该画辅助线的画辅助线，然后才能判断出这个分能不能拿到。能拿就继续推算下去，不能拿到就赶紧转移“阵地”。

套用一句名言：“这题按步给分，每一步都算数。”

3. 错综复杂的问题

这种就是数学考试卷中 Bug 级的存在：里面会存在多个变量，不是简单套用一个简单的公式或画一条辅助线就能解决。我们还需要考虑各个变量、各个公式之间的逻辑关系，因为一个变量的变化，都会导致最终结果的不同。

就像我，碰到这样的问题，一般都会立马退避三舍。附加分嘛，拿不到分数，倒也无所谓。

然而在现实生活中，我们遇到的大部分问题都是错综复杂的，就如斯坦利·麦克里斯特尔在其著作《赋能：打造应对不确定性的敏捷团队》中写道：“我们面对的是一个错综复杂的世界。”

在数学考试中，我们可以选择放弃，但是在生活中，我们却不得不面对。

罗小胖最近喜欢上了坐在他对面的女生，我每天都能看到他偷偷望着对面的女生发呆。

“小胖，喜欢人家就上啊！”我在微信里对罗小胖说。

“我现在略怂啊，万一人家不喜欢我这种类型的呢？万一人家有男朋友呢？万一以后人家计划回老家呢？”罗小胖无奈地说。

“小胖，你过来！我给你分析分析。”

“追女生是一个错综复杂的问题，受年龄、外貌、收入、家庭背景、人生观、价值观、地域，还有那说不清、道不明的‘感觉’等各个因素的影响，每一个因素都会影响最终的结果，甚至这些因素之间也会相互影响。”我说得貌似头头是道。

罗小胖一拍大腿：“对啊，所以才说追女生好难啊！”

“那是因为你连人家的手还没牵上，就开始思考以后你们的娃叫什么名字了。总想搞这些那些，想着一下子把妹子追到手，这是不靠谱的。”我有点恨铁不成钢。

“那应该怎么办呢？”罗小胖用无奈的小眼神看着我。

我告诉他，不要把目标设得那么遥远，想一下子搞个“大新闻”，不如把追女生这事切分成一个个小的板块，变成一个个小任务。比如可以分为以下几步：

圈定几个跟女生要好的同事；了解女生的兴趣爱好，找到共同话题，趁机聊起来；尝试单独约女生出去吃饭；尝试牵一下女生的小手。

“后面的，就不用我再教你了吧。”方法都教到这个份上了，希望罗小胖争气点。

一个月后，我就看到罗小胖开开心心地牵着女生的手上下班了。而我，一个人默默地在工位上加班。

在职场中，经常会遇到比追女生更复杂的事情，比如一个跨部门甚至跨公司的项目，里面涉及的变量更多，难度也更大，仿佛把我们自己置身于一个复杂的网状结构中，牵一发而动全身，结果就是不知道从哪里下手才合适。

这时，我们不妨用追女生的思路，把错综复杂的问题切分成一个个小的板块，越小越好。不奢求一下子彻底解决所有问题，先把错综复杂的问题拆解为复杂任务，再把复杂问题拆解为简单问题，日拱一卒，便能逐步打破错综复杂的局面。

找准最关键的锚点

19 世界末 20 世纪初，意大利经济学家维弗雷多 · 帕累托发现，任何一件事最重要的部分只占大概 20%，其他 80% 尽管数量占优，但对结果的影响却是次要的。这一发现，后来被命名为“二八定律”，又称“帕累托法则”。

其基本内容如下：

一是“二八管理定律”。企业主要抓好20%的骨干力量的管理，再以20%的少数带动80%的多数员工，以提高企业效率。

二是“二八决策定律”。抓住企业普遍问题中的最关键性的问题进行决策，以达到纲举目张的效应。

三是“二八融资定律”。管理者要将有限的资金投入到经营的重点项目中，以此不断优化资金投向，提高资金使用效率。

四是“二八营销定律”。经营者要抓住20%的重点商品与重点用户，渗透营销，牵一发而动全身。

总之，二八定律要求在工作中不能“胡子眉毛一把抓”，而是要找准锚点，重点抓关键环节、关键用户、关键项目和关键岗位等。

在生活中，二八定律往往有以下阐释：

20%的人是富人，80%的人是穷人。

20%的人掌握世上80%的财富，80%的人掌握世上20%的财富。

20%的人用脖子以上来挣钱，80%的人用脖子以下赚钱。

20% 的人是正面思考者，80% 的人是负面思考者。

20% 的人买时间，80% 的人卖时间。

20% 的人做事业，80% 的人做事情。

20% 的人重视经验，80% 的人重视学历。

20% 的人践行行动才有结果，80% 的人认为知识就是力量。

20% 的人思考要怎样做才会有钱，80% 的人思考要是有钱就会怎样做。

20% 的人爱投资，80% 的人爱购物。

20% 的人有目标，80% 的人爱瞎想。

20% 的人在问题中找答案，80% 的人在答案中找问题。

这看似浅显易懂的理论，实际上影响了很多企业的经营。比如排查质量问题，我们只要花费少量精力和时间解决累计占比达到 80% 的导致问题的因素，就能显著改善质量问题，没必要花费更多的精力和时间去解决 20% 的问题。

比如，前几年苹果手机的售价一直很贵，超出大部分人的消费能力，于是有人提出一个疑问："为什么苹果不生产廉价机型，这样不就会有更多人购买吗？"

如果用二八定律来分析，你就会明白背后的原因。假设这个社会上只有 20% 的人能消费得起苹果手机，那么这 20% 的人应该成为苹果真正关注的对象。尽量去服务好这20%的顾客，为他们提供更好的产品服务，争取这20%的消费者都能成为“果粉”（苹果手机粉丝）。这部分人对价格不敏感，但对手机的安全、流畅、外观、手感等有更高要求。

这时，苹果与其把精力分散给其他客户，倒不如聚焦于这20%的客户的服务上，更容易，也更值得。何况这20%的消费者，又为苹果企业贡献了80%的行业利润。

二八定律不仅适用于市场营销，更适用于我们每一个人。每个人的时间和精力都是有限的，在面对一个复杂的任务时，想要一次性解决全部问题，几乎是不可能的。这个时候，我们需要从复杂的任务中找出那些最重要的问题，同时把80%的精力和资源投入到这20%的问题解决上，会产生意想不到的效果。

意大利文艺复兴时期绘画家米开朗基罗曾说：“给我一个支点，我可以撬动地球。”其实，撬动地球这么一件大事，找到支点也远比解决其他任何一件事情都重要。

罗小胖最近在为一个新年的培训规划忙碌着。

“老板要求下周要做2019年培训规划汇报。现在规划可怎么写啊，我现在想破头，却一点思路也没有，哎……”罗小胖急得要哭了。

嗯，这就是罗小胖，没错了。每次接到一个任务，总是迫不及待想去完成，态度是对的，可总是让自己陷入焦虑。

写规划，数据最重要。按照二八定律，罗小胖可以在写规划前圈定 2019 年培训的重点方向和规划，基于规划和方向，圈定一批核心目标对象进行针对性的访谈，挖掘他们的需求。至于其他 80% 的人，通过问卷调研，大概了解一下他们的需求就可以了。

可罗小胖的做法并不是这样。接到任务后，他立马去做问卷，进行全公司的调研。结果问卷收上来了，结果却非常笼统，找不到重点，自然而然也就无法生成一份高质量的规划。

由此可见，完成这个规划的锚点就是那些被圈定的核心目标对象。知道他们的需求，整个规划基本就完成了一半。可罗小胖却把时间和精力浪费在很多并不属于这个范围的人身上。

罗小胖听了这个建议，快速去访谈了核心目标对象，拿到了一些关键信息，再结合之前的调研问卷信息，不到三天就完成了新年的培训规划。

无论多么复杂的事情，当我们接到任务时，一定不要急于开始去做。不妨仔细思考一下：里面最影响结果、最关键的事情是什么。集中所有精力和资源去完成它，你会发现，局面立马被打开，事情不知不觉间就已经完成一半，且过程顺畅许多。

从最简单的事情做起

从理论上来讲，当我们面对一个复杂任务时，首先要抽丝剥茧，把复杂的任务拆解为一个个小的模块，然后从中找到锚点，重点突破。一旦解决了锚点问题，其他问题就会迎刃而解。

然而理想很丰满，现实很骨感。

一方面，正如斯坦利·麦克里斯特尔在《赋能：打造应对不确定性的敏捷团队》一书中说道："我们面临是一个错综复杂的世界，一件事情的各个环节之间项目缠绕、相互影响，从中找出最关键的变量并不是一件容易的事。"

另一方面，就算我们确实找到那个锚点，这个关键问题的解决往往需要天时、地利、人和，未必就是立马就能被解决掉的。

一旦面临这种情况，我们应该怎么办？应该停下来，去寻找锚点或等待时机成熟，再去解决锚点问题。

事实上，这种方式不太可取。

首先，很多时候，锚点不是在一开始就能被找到的，更多是在我们推进的过程中逐步显现出来的。只分析不行动，便很难找到那个锚点。

其次，一旦紧盯着锚点的解决，往往容易使我们陷入习得性无助的情绪中。一旦推进不利，我们会陷入失望、懈怠、焦虑的情绪中，更不利于问题的解决。

在《拖延心理学》中，简·博克和莱诺拉·袁提道："我们总是倾向于追求即时的满足。在原始社会，我们的祖先总是过着有今天没明天的日子，比起不确定的未来，及时满足的快感往往会带给我们更大的动力。"

所以，你知道应该怎么办了吗？

把一件复杂任务拆解为一个个小的模块后，如果还不知道如何下手，不妨对这些事情进行难易程度的排序，从最简单的事情开始，逐步推进，一点点解决，效率会更高。

例如罗小胖去年想换一份工作。大家都知道，在这个经济寒冬，想换一份满意的工作并不是一件容易事。

我们对"找到一份满意的工作"这件事稍微加以分析，会发现其实可以分解为以下几个步骤：

圈定意向工作机会（行业+岗位）；针对性写简历；投简历；面试；谈薪资；拿到 Offer；入职。

整个求职过程中，锚点是找到几个靠谱的面试机会。能够和意向企业 HR 直接对话，是拿到 offer 的前提。然而，这对于罗小胖这个没有人脉背景的职场小白来说，并不容易解决。

这时，我再回过头来看这几个步骤，写简历、投简历是相对简单的，但投简历的前提是需要有一份拿得出手的简历。而写简历，又可以分为：

（1）研究一些合适的简历模板。

（2）总结以往的工作经验。

（3）开始撰写自己的简历。

这些步骤都不需要一下子全部完成，每次迈出简单的一小步即可。

罗小胖喊了半年要跳槽，却从来没有行动，也不知道如何入手，浑浑噩噩，小半年过去了。

后来他决定不管那么多，先写出一份优秀的简历再说。万万没想到，写简历的过程中，不但让罗小胖系统回顾了之前的工作经历，明确了自己的优劣势，竟也帮助他自己想清楚了求职方向，为后面找到满意的工作打下坚实的基础。

在这个复杂的世界，最无意义的方式就是等待。当你不知道怎么做的时候，不妨从那些最不起眼、看起来最不重要的地方入手，快速取得阶段性进展。这不仅可以帮你理清思路，更能帮你建立自信，走出习得性无助的困境。

从最讨厌的事情开始

假如某一天，你有五项任务需要处理，其中有三个是你特别喜欢且擅长的，一个是你不太喜欢的，剩下一个任务是那种你一想到就会感到很难受的。这时候，你会优先从哪个任务入手呢？

“当然是从喜欢且擅长的开始啦！”罗小胖一丝犹豫都没有。“为什么呢？”“你不是一直说要速赢嘛？从自己最擅长的开始，把能做的先做完。”罗小胖用莫名其妙的眼神看着我。

但也许大家会产生这样的疑问：那些你不喜欢的，甚至讨厌做的事情，会不会因为没有被尽快解决而影响到你接下来的工作心情呢？

由于工作的关系，罗小胖经常要去各地出差。其实他挺喜欢出差的，用他的话说就是：“刚好可以趁出差的机会去品尝各地的美食。如果碰上周末，还能拼个小长假，旅游一下，岂不美哉？”

想法很美好，然而真相是每次出差，罗小胖都被累得够呛，当然也没有时间和心情去旅游。这还不是最糟糕的，最糟糕的是每次出差回来后，都有一大堆的发票等着去处理、报销。罗小胖每个月就指望着报销回来的费用去还信用卡的“债”。

“在系统上要填一大堆信息，还要找发票、贴发票……想想就好烦啊！”每一次出差回来，罗小胖都会就着一堆发票抱怨、发牢骚。“烦死了，今天先不搞了，明天再弄了”。

第二天，“发票还没弄呢，烦死了，烦死了，不想搞了。”拖延中。

第三天，“对，今天一定要报销了。咦，怎么有几张发票找不到了？”焦虑中。

第四天，找发票。烦躁中。

第五天，继续找发票。接近崩溃。

第 N 天（信用卡还款前一天）后，“还没报销啊，不管那么多了，先提交上再说。”只能安慰自己。

本来是五分钟就能完成的报销，结果整整困扰了罗小胖好几天，最关键的是因发票丢失而损失几百元。

在工作中，我们经常会遇到一些简单的、不得不做的，但又很讨厌的事情。我们习惯上都倾向于把这样的事情拖到后面才做。我们以为暂时把这些事情推迟一下，工作的心情会变得好一些。

事实刚好相反，就像罗小胖的报销事件一样，虽然是一件非常小的事，却消耗了他很多的精力和时间。如果每次出差回来的第一天，就立马把报销单做好，罗小胖大概不会有接下来的一系列烦恼了。

马克·吐温说："每天早上先把最烦人、最讨厌的、最大的事情解决掉，这样一天之中，你就不需要再为那件事情烦恼了。我们常常会有鸵鸟心态，把恼人的事情留到后面处理，但那反而会让我们更加无法专注地处理其他事情。"

因此，如果真的需要面对一些讨厌但必须处理的任务时，不妨先转换心态，花上一段时间把这个烦恼处理掉，然后像马克·吐温先生说的那样，更加专注去处理其他更有挑战性的事情吧。

第八章

库珀学习圈：给拖延来一次复盘

将理论运用到实践中

古希腊哲学家赫拉克里特说过：“人不能两次踏进同一条小河。”因为河水是不分昼夜流淌的。这时另外一人提出异议：“人连一次踏进同一条小河都做不到。”

从哲学的角度来看，这两句话都有一定的道理，然而在现实中，人总是掉进同一个小河——总是在类似的事情上掉进同一个坑里。

一旦我们在同一件事情上重复失败，就很容易得出一个结论——我不适合做这件事。当下次面对类似事情的时候，第一反应是能躲则躲，实在躲不过去就一拖再拖。这大概是很多拖延症患者的心理写照。

但生活的恐怖之处在于，越是不想面对、越是想逃避的事，往往还真的是你不得不去面对的事。

在职场中，当我们在谈能力的时候，往往是在谈解决问题的能力。在某一个领域，如果你能解决简单的问题，说明你入行了；当你能解决复杂问题时，证明你已经是个合格的从业者；只有当你能够处理这个领域内错综复杂的问题时，才说明你真正成为这个行业的专家。

可如何才能让自己从解决简单问题修炼到能解决错综复杂的问题呢？相信很多人看到这个问题的第一反应是安慰自己“人傻就要多学习”。

美国社会心理学家大卫·库珀在总结了约翰·杜威、库尔特·勒温和皮亚杰的经验学习模式的基础上，提出自己的经验学习模式，即经验学习圈理论（Experiential Learning），也称为“库珀学习圈”。他把体验学习阐释为一个体验循环过程：具体的体验—对体验的反思—形成抽象的概念—行动实验及具体的体验。如此循环，形成一个贯穿的学习经历。学习者自动地完成着反馈与调整，经历一个学习过程，在体验中认知。

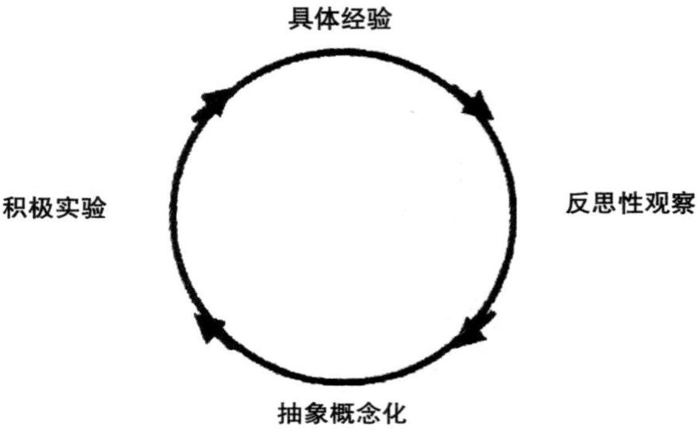

说起来有点抽象，我们可以从以下几个维度去理解。

1. 具体经验

成年人的学习起点是实践经验，没有实践就没有发言权。有了实践，我们就具备了对某一个领域的基本认知。好比游泳，学习的起点来自于你下水那一刻，否则你永远无法体会自己在水中的感觉，也就永远无法真正学会游泳。

2. 反思性观察

有了实践，学习的下一步是对经验进行“反思”，即对经验中的“记忆碎片”进行回忆、清理、整合等。同时对比科学的做法，找出经验过程中自己实践的差距。比如反思自己在水中是如何摆腿、划水、呼吸之后，对比教学视频，找出自己做得不太好的地方。

3. 抽象概念化

有了实践经验，又通过反思性观察找到了差距，接下来就是要整理出自己的理论。回到游泳这个话题，有了实践经验（无论成功或是失败的），就可以对比别人是如何游的，接下来就要整理出适合自己的游泳方法。当然，这时你还是一个理论派，实践才是检验理论的唯一标准。

4. 积极行动

这个阶段，我们需要把理论应用到实践中，看自己总结的理论是否可行。如果可行，说明你真的学会了。如果不可行，就需要再回到学习的原点，开启新一轮的学习循环。

只是很多时候，我们总是停留在具体经验环节，一旦失败，就不敢再重新面对，无法完成学习闭环，持续提升自己的能力。

立刻行动，是时候跟那些你失败过的、恐惧的、一拖再拖的事情说再见了。

学习才是VUCA时代的核心竞争力

相信很多职场人都一个困惑：职场的核心竞争力是什么，

是学历、家庭背景、人脉关系，还是公司平台？是，但也不是。

说是，是因为以上这些都是敲门砖，可以帮助我们有更好的起点。但人生可不是百米赛跑，而是绝地求生的“吃鸡游戏”，因为我们无法知道下一刻会发生什么。

1. 在 VUCA 时代，唯一不变的就是一切都在变

“VUCA”这个词源于军事用语，是 Volatility（易变性）、Uncertainty（不确定性）、Complexity（复杂性）、Ambiguity（模糊性）的英文缩写，后来于 20 世纪 90 年代被宝洁公司的首席运营官罗伯特·麦克唐纳用来形容我们的商业社会：我们处在一个 VUCA 时代，指我们生活在一个不稳定性、不确定性、复杂性、模糊性的时代、境况或者世界中。后来他又进一步诠释了 VUCA 时代的特征。

V，Volatility（易变性）：是变化的本质和动力，也是由变化驱使和催化产生的。

U，Uncertainty（不确定性）：缺少预见性，缺乏对意外的预期和对事情的理解和意识。

C，Complexity（复杂性）：组织/个人为各种力量、各种因素、各种事情所困扰。

A，Ambiguity（模糊性）：对现实的模糊是误解的根源，是各种条件和因果关系的混杂。

在这个易变、不确定、复杂、很模糊的时代，作为社会中的个体，又怎么能“几十年如一日”？

2. 职场的工作方式正在被颠覆

社会在不断地变化发展，现在的职场和我们认识中的职场已经有很大的不同。20 年前的职场是一个萝卜一个坑，每一个人都有自己固定的职责边界和工作内容。睁开眼，你就知道今天甚至今年会发生什么。可现在的职场，特别是在互联网领域，员工的工作模式已经和过去有颠覆性的改变。

（1）工作更加灵活：员工没有明确的职责边界，工作内容和职位的关系越来越弱。

（2）项目制流行：以项目为中心的临时性、非正式性组织越来越普遍。

（3）专业能力到综合能力：以解决问题为核心，对员工的综合能力要求越来越高。

20 年前，如果你说自己“几十年如一日”，那企业一定认为你勤勤恳恳、任劳任怨，而给你 Offer。现在，如果你再说自己“几十年如一日”，相信没有多少企业愿意录用你，因为你已经不属于现在这个新时代。

现在这个新时代，要求每一个人都具备极强的学习能力，能够在战斗中、在失败中不断披荆斩棘、迅速成长，应对工作中时时刻刻的挑战。说到学习，毕竟我们都是成年人，还是要用属于我们自己的学习方式——库珀学习圈。接下来，我们需要关注的就是如何去应用它帮助自己尽快成长起来，独当一面。

第一，从行动中归纳经验。完成一个项目、任务之后，无论成功与否，都需要尽量真实还原整个过程，描述事件的经过，写清楚事件的起因、经过和结果。

第二，发现并分析问题。结合对项目的回顾，思考复盘过程中做对了什么、做错了什么，分析有哪些风险点被漏掉了，考虑如何再做一次、有哪些地方可以提升和优化等。

第三，沉淀总结，指导后续行动。最后需要把沉淀的过程写下来，加以总结，形成自己的经验方法论，用以指导以后的行动。

当然，这三个过程真正做起来，肯定不像说的那么轻松，但只要能坚持下去，我们肯定能把经验变成自己的能力，不断成长，从容面对未来的挑战。下面，不妨做个小练习，选出过去一年你认为最重要的一件事，看看自己能学到什么吧。

表五：年度总结表

项目名称		
在行动中归纳经验	起因	
	经过	
	结果	
发现并分析问题	做对了什么	
	做错了什么	
	有哪些风险点被漏掉了	
	如何再做一次，有哪些地方可以提升和优化	
沉淀经验方法论	下一次行动计划	

让漂亮的年度复盘成为你的竞争力

去年年底，我问罗小胖：“你记得现在最重要的事情是什么吗？”

“当然是做计划啦，做完计划才知道新的一年要干啥嘛。”罗小胖毫不犹豫地说。然后开始学习各种制订新年计划的工具和方法，比如 SMART 原则、可操作性评估等。最后，一个非常完美的计划“出炉”了。

“新的一年，一定要加油！”罗小胖在心里默默说。可是新的一年，除了做计划，是否还有其他更重要的事情要做呢？

“罗小胖，你觉得完成这些计划，你的能力和市场竞争力相对今年会有什么提升吗？或者相对于去年年初，你现在在哪些方面有明显提升了？”

“就是非常忙，但确实没有感觉到自己有什么成长。”罗小胖的眼神暗淡了下去，仿佛真相被戳穿了。

其实不仅仅是罗小胖，相信很多人在一年到头的时候，都会有这个困惑：忙忙碌碌又一年，怎么知道自己是否有所成长了呢？

例如，一直很忙，就说明有所成长了吗？未必，你可能只是在机械地瞎忙。

例如，工作上有很多成果，拿到了很好的绩效，说明有所成长了吗？未必，可能工作内容本来就在你的职责范围之内，或是成功本身就有很多偶然因素。

例如，升职加薪，这总算是成长的一种表现了吧？也未必，在职场，职级、薪水并不总是和能力一一挂钩。换一个平台和环境，保证还能拿到同样的薪资和水平吗？

那到底怎样才能知道自己是否有所成长了呢？

——做年底复盘。

在百度百科中，有关于复盘的定义：复盘一开始只是围棋术语，指对局完毕后，复演该盘棋的记录，以检查对局中招法的优劣与得失关键。通过复盘，当某种熟悉的、类似的局面出现在面前的时候，你往往能够知道自己将如何去应对，在脑海中就会出现很多种应对方法，或者可以敏锐地感受当前所处的状态，从而对自己下一步的走向作出判断。

在职场中，复盘更是无处不在。每完成一个任务或项目后，团队都会有各种形式的复盘来总结教训，以便后续可以做到更好。对公司或团队是这样，对个人更是这样。

在日常工作中，我们总是忙忙碌碌，在一个个项目中奔波，但很少会停下来思考：我学习到了什么，我的能力提升了吗，我的市场竞争力提升了吗。人生没有白走的路，每一步都作数，但前提是我们要知道每一步都是如何走过来的，因此，我们需要复盘。

说到这里，你大概已经知道库珀学习圈就是一种简单的复盘，是我们在日常工作中需要不断去应用实践的。但如果把时间跨度拉长到一整年，我们需要一个更高的视角去看：如果要做年度复盘，在职场闯荡的前几年，我们需要不断夯实自己的职场竞争力。

关于年度复盘，目前有很多方法论，比如联想公司就总结出了复盘四步法——回顾目标、评估结果、分析原因、总结经验。这基本就是一个库珀学习圈的闭环。

在联想公司，复盘是企业文化中的重要方法论之一，是指工作做完了再回顾一遍，目的是不断检验和校正目标，不断分析过程中的得失，便于改进，不断深化认识和总结规律。这种工作方法从柳传志时代一直延续至今，已经成为联想内部的一个标志性方法。

从自己的经验出发，我也提炼出了一个关乎个人成长的年度复盘四步法：复盘项目选择—思维模式梳理—方法论—关键要素提炼。相对于联想四步法，这套复盘的方法论更关注个人在过程中的思考和成长，希望对大家有所帮助。

1. 复盘项目选择

提到年度复盘，你是否有和罗小胖一样的困惑："难道我需要把过去一年做的所有事情都拿出来捋一遍吗？"

当然不是！

一方面，大部分人都没有那么多时间和精力去复盘每一件事；另一方面，即使从事情本身来说，也并不是每一件事都值得被复盘。首先，工作中的很多事情是临时性的，今年你碰到了，解决了，可能未来你永远都不会再遇到类似事情。其次，很多事情与你的核心竞争力没有关系，也不值得投入精力去复盘。

因此，找出一件在过去一年对你最具代表性的事情或项目，复盘有意义的关键部分。那什么样的项目是比较有代表性、比较值得去复盘的呢？一般我会从三个维度去分析。

（1）新接触，但未来可能会是重点

复盘的目的更多是着眼于未来，让自己能够在未来再碰到时，可以从容应对。选择那些未来还会重复遇到甚至可能还是重点的项目，才能真正发挥复盘的作用。

（2）感到有挑战性、有难度的

复盘那些已经得心应手的项目，价值和意义并不大。但那些让你感到有挑战性、有难度、刚碰到时有些不知所措的事情，往往是在挑战你的能力和认知边界。通过对这些项目的复盘，可以系统提升自己的能力和扩宽认知边界。

（3）业界共同关注的

年度复盘的核心目的是提升你的核心竞争力。只有解决那些业界共同关注的、从业人员都在研究的项目，才代表你所在行业的核心竞争力。个人复盘不能局限在部门甚至公司范围内，而是应该把视野放到业内，选择能够代表行业趋势的项目，提升自己的职场核心竞争力。

2. 思维模式梳理

无论承认与否，我们每个人都会有自己的思维定式。所谓的能力提升、职业发展，很多时候都是思维模式的升级。之前有同事分享过一个思维模式升级的九层塔，对我的启发很大。

刚进入职场时，我们都是从一件事、一个项目开始做起，更多的是站在事情的层面做项目，终极的目标是能更好地完成项目，满足上级的要求。但伴随着职业发展，我们也在慢慢成长。会站在部门、企业，甚至行业的角度去看待问题，不仅仅局限于把事情做好，而是思考如何把事情做成。

从如何做好一件事情到如何做成一件事情，思维模式提升的背后是个人能力和认知水平的提升。

所以，年度复盘的第二步就是思维模式的梳理。不妨从以下角度思考当时是怎样做项目的。

（1）我们该站在什么角度去看待项目和问题？

（2）如果把认知往上拔一层，会不会有更多思路？

（3）项目的价值是否被充分挖掘了？是否可以辐射得更广、更远？

所谓思维、认知模式，并没有那么虚无缥缈，尝试把自己的“屁股”往上挪一挪，就会发现自己进入了一个完全不一样的新世界；然后针对自己的盲点，进行有针对性的升级调整。

3. 方法论沉淀

做过项目的人都会明白一个道理：无论方案做得多么完美，落地的时候都会经历各种各样的挑战，甚至有时进展到一半还要推倒重来，过程往往是痛苦的。

为什么方案需要调整甚至推倒重来？很多时候是我们在规划阶段忽略了一些关键点，低估了一些问题的难度，还可能对客观环境的变化预估不准。这有可能是因为我们能力水平、认知高度还达不到，还可能是因为我们缺乏有效的方法论。

不管过程多么艰辛，大多数时候，面对这么多的挑战，我们依然能完成项目，达成目标。这时，不应该沉浸在短暂的喜悦中，而是应该思考下次遇到类似的项目时，应该如何更游刃有余地处理好。

所以，我们可以对项目过程进行针对性的拆解。

（1）在项目推进过程中，有哪些关键行为和步骤。

（2）做对了什么，又踩过哪些坑。

（3）如何跨过这些坑，有哪些经验教训。

（4）如果再做一次，可以提升和改善的地方是什么。

把这些拆解出来的信息进行整合，再回过头来对照之前的方案，我们就可以知道再遇到类似项目时应该如何做。这就是所谓的方法论，可以用来指导未来的实践。这又是一个库珀学习圈的应用。

4. 关键要素提炼

很多人以为只要做成前三步，复盘就完成了。其实未必，我们还需要强调项目成功或失败过程中的关键要素。就像前文提到的，这是一个 VUCA 时代，唯一不变的就是永远在变，如何去应对无处不在的变化，是现代职场人的核心能力。

对于变化，站在不同的位置，看到的景象是不一样的。根据现状看结果，所有的变量都是风险和挑战。根据结果看现状，所有的风险和挑战都是机会。

要把风险变成机会，就在于我们能否提前识别出关键要素，比如钱、人力、资源等。提前识别出这些关键要素，你就掌握了类似项目成功的前置条件。

当你走完年度复盘的这四个步骤，就会发现自己不仅仅清晰知道过去一年的职业成长，更是连简历怎么写都了然于心了。人生不仅要仰望星空，脚踏实地，还需要时常向后看看，让所有走过的路，都能沉淀并内化为自己的核心竞争力。